T0259877

BestMasters

Mit „BestMasters" zeichnet Springer die besten Masterarbeiten aus, die an renommierten Hochschulen in Deutschland, Österreich und der Schweiz entstanden sind. Die mit Höchstnote ausgezeichneten Arbeiten wurden durch Gutachter zur Veröffentlichung empfohlen und behandeln aktuelle Themen aus unterschiedlichen Fachgebieten der Naturwissenschaften, Psychologie, Technik und Wirtschaftswissenschaften. Die Reihe wendet sich an Praktiker und Wissenschaftler gleichermaßen und soll insbesondere auch Nachwuchswissenschaftlern Orientierung geben.

Springer awards "BestMasters" to the best master's theses which have been completed at renowned Universities in Germany, Austria, and Switzerland. The studies received highest marks and were recommended for publication by supervisors. They address current issues from various fields of research in natural sciences, psychology, technology, and economics. The series addresses practitioners as well as scientists and, in particular, offers guidance for early stage researchers.

Rebecca Maksimović

Allgemeine Relativitätstheorie und die Darstellung Schwarzer Löcher in interaktiven Medien

Eine Analyse am Beispiel des Computerspiels „Elite Dangerous"

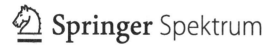 Springer Spektrum

Rebecca Maksimović
Darmstadt, Deutschland

ISSN 2625-3577   ISSN 2625-3615   (electronic)
BestMasters
ISBN 978-3-658-39252-9   ISBN 978-3-658-39253-6   (eBook)
https://doi.org/10.1007/978-3-658-39253-6

Die Deutsche Nationalbibliothek verzeichnet diese Publikation in der Deutschen Nationalbibliografie; detaillierte bibliografische Daten sind im Internet über http://dnb.d-nb.de abrufbar.

Planung/Lektorat: Marija Kojic
Springer Spektrum ist ein Imprint der eingetragenen Gesellschaft Springer Fachmedien Wiesbaden GmbH und ist ein Teil von Springer Nature.
Die Anschrift der Gesellschaft ist: Abraham-Lincoln-Str. 46, 65189 Wiesbaden, Germany

Danksagung

An erster Stelle möchte ich mich bei Prof. Dr. Stefan Scherer bedanken, der mich mit seiner herausragenden Betreuung durch diese Masterarbeit geführt hat. Er war stets schnell erreichbar, erklärte mir komplexe Sachverhalte auf sehr verständliche Art und entwirrte so einige meiner Gedankenknoten. Dankbar bin ich auch, dass er sich auf das etwas ungewöhnliche Thema einließ.

Ein weiterer Dank geht an meine Eltern Iris und Wolfgang Prawitz, die mich während meines gesamten Studiums und während dieser Arbeit durchgehend voll unterstützt haben und mir immer das Gefühl gaben, dass ich stolz auf meine Leistungen und Erfolge sein kann.

Vielen Dank auch an Julia Dittmann, Leonié Mettler, Laura Sandner und Julian Parrino, die mich durch ihre Korrekturen an dieser Arbeit vor einigen sprachlichen, formalen und inhaltlichen Fettnäpfchen bewahrt haben.

Ein besonderer Dank geht an meinen Ehemann und „Raumschiffpiloten" David Maksimović, der mich zu dem Thema dieser Arbeit inspiriert hat. Er hat mich in allen technischen Belangen, insbesondere bei den Messungen, unterstützt. Außerdem konnte ich alle meine Ideen und Gedankengänge mit ihm besprechen. Er hat mir geholfen, den Spaß und die Motivation über den gesamten Arbeitszeitraum zu behalten, und mich auch dazu gebracht hin und wieder Pausen einzulegen.

Inhaltsverzeichnis

Einleitung

Schwarze Löcher sind in der populären Kultur im Genre Science-Fiction weit verbreitet. Sie werden in Büchern beschrieben[1] und in Filmen[2] und Videospielen wie „Elite Dangerous" dargestellt. Das Wissen der meisten Menschen über Schwarze Löcher stammt darum sehr wahrscheinlich aus diesen Medien. Deshalb stellt sich die Frage, wie wissenschaftlich genau diese Darstellungen sind. In dieser Arbeit wird genau dieser Frage nachgegangen. Dafür werden speziell zwei Effekte der Allgemeinen Relativitätstheorie, die Lichtablenkung und die gravitative Rotverschiebung, betrachtet und ihre Umsetzung in dem interaktiven Videospiel „Elite Dangerous" untersucht.

In dieser Arbeit wird von dem Wissensstand, den ich als Physik-Lehramtsstudentin erreicht habe, ausgegangen und von dort aus werden die benötigten Grundlagen für die Untersuchung erarbeitet. In Kapitel 2 der vorliegenden Arbeit wird deshalb die Allgemeine Relativitätstheorie dargestellt. Das Kapitel beginnt dafür mit einer kurzen Vorstellung der Newton'schen Gravitationstheorie und ihrer Grenze, worauf aufbauend die grundlegenden Prinzipien der Allgemeinen Relativitätstheorie und Einsteins neue Ideen qualitativ erläutert werden. Dabei wird die Kenntnis der Speziellen Relativitätstheorie vorausgesetzt. Es schließt sich eine Vorstellung der Einstein-Gleichungen an. Die verschiedenen Komponenten der Gleichungen (Metrischer Tensor, Christoffelsymbole, Riemann'scher Krümmungstensor, Ricci-Tensor und Energie-Impuls-Tensor) werden im Verlauf des Kapitels hergeleitet und dargelegt. Aus diesen Komponenten wird dann in Abschnitt 2.9 die

---

[1] Zum Beispiel in dem Buch „Der Abgrund jenseits der Träume" von Peter F. Hamilton, Piper Verlag, 2015.

[2] Zum Beispiel in dem Film „Star Trek – Die Zukunft hat begonnen" (2009).

Zusammensetzung der Einstein-Gleichung begründet. Am Ende des Kapitels folgt
dann eine Lösung der Einstein-Gleichungen: die Schwarzschild-Lösung.

Auf der Allgemeinen Relativitätstheorie basierend werden in Kapitel 3 Schwarze
Löcher kurz vorgestellt. Außerdem werden die Effekte der Allgemeinen Relativi-
tätstheorie, die Lichtablenkung und die gravitative Rotverschiebung am Schwarzen
Loch, theoretisch diskutiert und dazu praktische Beispiele genannt.

Daran schließt sich mit Kapitel 4 die eigentliche Untersuchung des Spiels an.
Diese geschieht im Spiel an dem Schwarzen Loch „HIP 34707 B". Nach einer
kurzen Skizzierung des Spiels folgt für beide Effekte jeweils eine Beschreibung,
wie sie untersucht werden und wie und welche Daten dafür aus dem Spiel, zum
Beispiel durch Bildschirmaufnahmen, entnommen werden. Unter Verwendung der
Resultate aus Kapitel 3 kann dann bestimmt werden, wie sich die Effekte der Allgemeinen Relativitätstheorie im Spiel theoretisch darstellen sollten. Dies lässt sich
dann damit vergleichen, wie sich der Effekt in dem Spiel tatsächlich präsentiert. Aus
diesem Vergleich kann geschlossen werden, ob und inwieweit die Darstellung von
Schwarzen Löchern in dem Videospiel „Elite Dangerous" wissenschaftlich akkurat
ist.

Allgemeine Relativitätstheorie

2

2.1 Die Newton'sche Gravitationstheorie und ihre Grenze

Die folgende Darstellung orientiert sich an Fließbach (2016).

Im Jahr 1687 stellte Newton[1] (Fließbach (2016)) eine Gravitationstheorie auf. Diese wurde in der Physik zwar von der Einstein'schen[2] Theorie abgelöst, wird aber trotzdem noch in den Schulen unterrichtet. Das liegt daran, dass sie für unsere „alltäglichen" Probleme eine sehr gute Näherung darstellt und gleichzeitig mathematisch deutlich weniger komplex ist. Es ist wichtig, die Newton'sche Theorie zu verstehen, um die Entwicklung der Einstein-Gleichungen der Allgemeinen Relativitätstheorie nachzuvollziehen. Außerdem macht die Newton'sche Theorie „Vorgaben" für die genaue Form der Einstein'schen Theorie, die sich für Grenzfälle auf Newton zurückführen lassen muss.

Diese Grenzfälle sind gegeben, wenn die betrachteten Objekte sich mit nichtrelativistischen Geschwindigkeiten bewegen und die Massen der Objekte klein sind. So kann für Situationen des Alltags, wenn man zum Beispiel sein Butterbrot fallen lässt, die Newton'sche Gravitationstheorie gut verwendet und die Beschleunigung, die das Brot erfährt, mit der Erdbeschleunigung $\vec{g}$ beschrieben werden.

Deshalb folgt eine kurze Beschreibung der Newton'schen Theorie und ihrer Grenzen.

---

[1] Sir Isaac Newton, englischer Physiker, Mathematiker und Astronom, 1643–1727.
[2] Albert Einstein, deutscher Physiker, 1879–1955.

Ergänzende Information Die elektronische Version dieses Kapitels enthält Zusatzmaterial, auf das über folgenden Link zugegriffen werden kann https://doi.org/10.1007/978-3-658-39253-6_2.

© Der/die Autor(en), exklusiv lizenziert an Springer Fachmedien Wiesbaden GmbH, ein Teil von Springer Nature 2022
R. Maksimović, *Allgemeine Relativitätstheorie und die Darstellung Schwarzer Löcher in interaktiven Medien*, BestMasters,
https://doi.org/10.1007/978-3-658-39253-6_2

Die gravitative Kraft, die auf eine Masse m durch n Massenpunkte m_i wirkt, lässt sich laut Newton so beschreiben:

$$m\frac{d^2\vec{r}}{dt^2} = \vec{F} = -G \sum_{i=1}^{n} \frac{m_i m (\vec{r} - \vec{r}_i)}{|\vec{r} - \vec{r}_i|^3}. \tag{2.1}$$

Dabei ist $\vec{r}(t)$ bzw. $\vec{r}_i(t)$ die Position, an der sich die Masse m bzw. m_i zu einem Zeitpunkt t befindet. G ist die Gravitationskonstante, die sich experimentell bestimmen lässt.

Um diese Gleichung leichter verallgemeinern zu können, schreiben wir sie mit Hilfe des skalaren Gravitationspotentials $\Phi(\vec{r})$ um, welches lautet

$$\Phi(\vec{r}) = -G \sum_{i=1}^{n} \frac{m_i}{|\vec{r} - \vec{r}_i|} = -G \int d^3 r' \frac{\varrho(\vec{r}')}{|\vec{r} - \vec{r}'|}. \tag{2.2}$$

Auf der rechten Seite der Gleichung wurde außerdem die Summe über die Massen der einzelnen Teilchen m_i durch das Integral über die Massendichte $\varrho(\vec{r}')$ im gesamten Raum ersetzt.

Dadurch lassen sich die Grundgleichungen der Newton'schen Gravitation aufstellen. Aus den Gleichungen (2.1) und (2.2) folgt die Bewegungsgleichung der Newton'schen Theorie:

$$m\frac{d^2\vec{r}}{dt^2} = -m\vec{\nabla}\Phi(\vec{r}). \tag{2.3}$$

Die Bewegungsgleichung gibt vor, wie sich ein Teilchen der Masse m im Gravitationsfeld bewegt. Das Gravitationsfeld und damit auch das Gravitationspotential wird durch die Massen aller anderen Teilchen bestimmt. So ergibt sich mit (2.2) für die Feldgleichung der Newton'schen Theorie:

$$\Delta\Phi(\vec{r}) = 4\pi G\varrho(\vec{r}). \tag{2.4}$$

In der Feldgleichung (2.4) steht auf der rechten Seite der Gleichung die Massendichte $\varrho(\vec{r})$ als Quelle des Gravitationsfeldes. Vergleicht man die beiden Seiten der Bewegungsgleichung (2.3) miteinander, so fällt auf, dass die Masse m auf beiden Seiten der Gleichung vorkommt. Die Kraft, die auf diese Masse im Gravitationsfeld wirkt, hängt also von ihr selbst wieder ab. Man kann zwar die Unterscheidung zwischen der trägen Masse auf der linken Seite und der schweren Masse auf der rechten Seite vornehmen, doch es zeigt sich experimentell, dass diese gleich sind. Diese Gleichheit wird schwaches Äquivalenzprinzip genannt und wirkt in der Newton'schen Theorie eher wie ein Zufall, ist aber grundlegend für die Allgemeine Relativitätstheorie.

Ein Problem, das bei der Verwendung der Newton'schen Gravitationstheorie auftritt, ist die Unvereinbarkeit mit der Speziellen Relativitätstheorie. Bei Newton gibt es keine zeitliche Verzögerung der gravitativen Wirkung, was heißt, dass sich Informationen mit unendlicher Geschwindigkeit bewegen. Die Inkompatibilität zeigt sich auch daran, dass die Feldgleichung (2.4) nicht forminvariant unter Lorentz[3]-Transformationen ist, also der Transformation zwischen verschiedenen Inertialsystemen, die die Spezielle Relativitätstheorie berücksichtigt. (Ryder (2009)) Im folgenden Kapitel wird auf Einsteins Ideen zur Lösung dieses Problems eingegangen.

2.2 Einsteins Idee und Prinzipien der ART

In der Physik wurde lange von einem absoluten Raum und einer absoluten Zeit ausgegangen. Diese Vorstellung wurde von dem Galilei'schen[4] Relativitätsprinzip abgelöst. Das Relativitätsprinzip macht eine Aussage über das Verhältnis von Inertialsystemen zueinander und ist für die Relativitätstheorien Einsteins grundlegend. Inertialsysteme sind Bezugssysteme, in denen das erste Newton'sche Gesetz, das Trägheitsgesetz, gilt. Zugleich sind keine Gravitation und Scheinkräfte vorhanden. Diese Systeme sind gleichberechtigt und es gelten in ihnen die gleichen physikalischen Gesetze. (Duden (2007), S. 425.)

Um die Koordinaten eines Punktes in der Raum-Zeit [5] von einem Inertialsystem in ein anderes umzurechnen, nutzt man Gleichungen, die man Transformationen nennt. In der Newton'schen Mechanik werden die Galilei-Transformationen genutzt. Nach Einsteins Einführung der Speziellen Relativitätstheorie, die neben dem Relativitätsprinzip auch auf der Konstanz der Lichtgeschwindigkeit beruht, werden für das Umrechnen die sogenannten Lorentz-Transformationen verwendet.

Einstein generalisierte das Galilei'sche Relativitätsprinzip zum allgemeinen Relativitätsprinzip. Dieses lautet:

---

[3] Hendrik Anton Lorentz, niederländischer Physiker, 1853–1928.

[4] Galileo Galilei, italienischer Wissenschaftler und Ingenieur, 1564–1642.

[5] Die Bezeichnung Raum-Zeit wird immer dann verwendet, wenn von einer zeitlichen und drei räumlichen Dimensionen gesprochen wird. Der Begriff Raum findet dann Verwendung, wenn nur die drei räumlichen Dimensionen gemeint sind.

„Alle Naturgesetze lassen sich so formulieren, dass sie in allen lokalen Bezugssystemen (also auch in beschleunigten oder einem Gravitationsfeld ausgesetzten) gleich lauten." (Duden (2007), S. 445.)

Dabei muss beachtet werden, dass das allgemeine Relativitätsprinzip nur für *lokale* Bezugssysteme gilt. Dieser Zusatz ist wichtig, da wir schon aus Newtons Gravitationstheorie wissen, dass die Beschleunigung, die auf eine Probemasse im Gravitationsfeld wirkt, nicht homogen ist. Genauer: Sie nimmt mit $\frac{1}{r^2}$ ab, wobei r der Abstand zum Mittelpunkt der Masse ist, die das Gravitationsfeld erzeugt. Deshalb wird in einem nicht lokal beschränkten Bezugssystem nicht überall die gleiche Beschleunigung wirken und auch die Richtung der Beschleunigung nicht überall die gleiche sein. Lokale Bezugssysteme beschreiben die hinreichend kleine Umgebung eines Punktes, in der dieser Effekt ausreichend klein ist, um ihn zu vernachlässigen. (Ryder (2009), S. 8 f.) Man kann nun noch weiter gehen und neben den lokalen Bezugssystemen noch lokale Inertialsysteme definieren. Lokale Inertialsysteme sind ebenfalls auf einen kleinen lokalen Bereich beschränkte Systeme, in denen das Trägheitsgesetz gilt, aber keine Gravitation und keine Scheinkräfte vorhanden sind. Es gilt also wie bei der Definition von Inertialsystemen das Trägheitsgesetz. Das Besondere an lokalen Inertialsystemen ist, dass sie sich aufgrund ihrer Lokalität auch zum Beispiel in einem Gravitationsfeld befinden können. Eine Raumstation, die sich im Gravitationsfeld der Erde im freien Fall befindet, ist ein Beispiel für ein lokales Inertialsystem.

Zusammen mit dem Äquivalenzprinzip bildet das allgemeine Relativitätsprinzip die Grundlage für die Allgemeine Relativitätstheorie.

Wie schon im vorhergehenden Abschnitt 2.1 beschrieben wurde, besagt das schwache Äquivalenzprinzip, dass die schwere Masse gleich der trägen Masse ist. Einstein hat dieses Prinzip weitergedacht und angenommen, dass es eine generelle Äquivalenz zwischen Schwere und Trägheit von Körpern gibt. Genauer formuliert bedeutet das:

„In hinreichend kleinen Raum-Zeit-Gebieten lassen sich Trägheit und Schwere experimentell nicht voneinander unterscheiden." (Duden (2007), S. 445.)

Diesen Zusammenhang kann man sich mit einem einfachen Gedankenexperiment klarmachen, das hier als „Einsteinbox" bezeichnet wird. Damit folgen wir im weiteren Verlauf des Kapitels den Darstellungen von Ryder (2009) in Kapitel 1. Wir stellen uns eine Box vor, die in einem Gravitationsfeld platziert wird, zum Beispiel auf der Oberfläche der Erde, wie in Abbildung 2.1, a) dargestellt.[6] In der Box befindet sich eine Experimentator*in und lässt zwei Gegenstände aus unterschiedlichem Material aus derselben Höhe fallen und misst die Zeit, die die Gegenstände

---

[6] Dabei wird die Rotation der Erde nicht betrachtet.

im Gravitationsfeld brauchen, um auf dem Boden der Box aufzukommen. Beide Gegenstände benötigen dieselbe Zeit und die Experimentatorin kann die Beschleunigung der Gegenstände $\vec{g}$ bestimmen. Stellen wir uns nun die gleiche Box vor, die sich im freien Raum befindet, außerhalb von jedem gravitativen Einfluss durch Himmelskörper, aber mit konstanter Beschleunigung $\vec{a}$ beschleunigt wird, wie in Abbildung 2.1, b) dargestellt. Hier führt die Experimentatorin dasselbe Experiment durch, lässt die beiden Gegenstände gleichzeitig los und misst die Zeit, bis diese auf dem Boden auftreffen. Die gemessene Zeit muss hier auch für beide Gegenstände die gleiche sein, da die beiden freigelassenen Gegenstände keiner Kraft ausgesetzt sind und sich stattdessen der Boden der Box mit Beschleunigung $\vec{a}$ auf die Gegenstände zubewegt. Vorausgesetzt die Box ist ausreichend klein und stellt damit ein lokales Bezugssystem dar, führen beide Experimente zu denselben Resultaten. Die Experimentatorin kann also nicht unterscheiden, ob sie sich in einem Gravitationsfeld befindet oder durch den leeren Raum beschleunigt wird. Diese Ununterscheidbarkeit wird starkes Äquivalenzprinzip genannt.

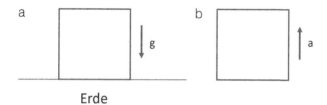

Abb. 2.1 Die Einsteinbox: Vergleich zwischen dem Gravitationsfeld und dem beschleunigten System, Abbildung nach Ryder (2009), S. 4, Fig. 1.1.

Betrachten wir nun die Ausbreitung von Licht in der Einsteinbox, die mit einem homogenen Medium gefüllt ist. Ein Laser wird so in der Box angebracht, dass sich das Licht des Lasers von links nach rechts durch die Box ausbreitet. Befindet sich die Box in einem Inertialsystem, dann beschreibt der Lichtstrahl von links nach rechts parallel zum Boden der Box eine gerade Linie, wie in Abbildung 2.2, a) dargestellt. Nun wird die Box aber im freien Raum mit einer Beschleunigung a nach oben beschleunigt, die genau dann einsetzt, wenn der Lichtstrahl den Laser verlässt. Nach einem bestimmten Zeitabschnitt Δt hat das Licht sich um eine bestimmte Strecke $\Delta x = c\Delta t$ ausgebreitet. Gleichzeitig hat sich die Box um die Strecke $\Delta y = \frac{1}{2}a(\Delta t)^2$ nach oben bewegt. Δx und Δy sind die Koordinaten des Lichtstrahls, wie er in der Box gemessen wurde. Daraus folgt, dass der Lichtstrahl eine parabelförmige Bahn annimmt wie in Abbildung 2.2, b) dargestellt. Das starke Äquivalenzprinzip

impliziert nun, dass der Lichtstrahl auch in der Einsteinbox im Gravitationsfeld einen
gekrümmten Pfad annimmt, da er es in der beschleunigten Einsteinbox tut.(Ryder
(2009), S. 11 f.)

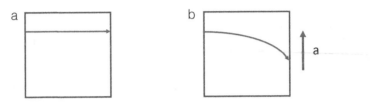

Abb. 2.2 Lichtstrahl in der Einsteinbox im Inertialsystem und im beschleunigten Bezugssystem, Abbildung nach Ryder (2009), S. 12, Fig. 1.6.

Um die nächste Schlussfolgerung nachvollziehen zu können, muss das Fermat'sche[7] Prinzip bekannt sein. Das Fermat'sche Prinzip ist ein Extremalprinzip
und besagt, dass Licht von der Lichtquelle zum Empfänger immer den zeitlich kürzesten Weg zurücklegt. Dieses Prinzip liegt auch dem Reflexionsgesetz und dem
Snellius'schen[8] Brechungsgesetz zugrunde. In einem homogenen Medium bedeutet es, dass Licht sich geradlinig ausbreitet, da eine Gerade im flachen Raum der
kürzeste Weg zwischen zwei Punkten ist. (Duden (2007), S. 313.)
      Der gebogene Lichtstrahl impliziert also unter Einbeziehung des Fermat'schen
Prinzips, dass der kürzeste Weg zwischen zwei Punkten im Gravitationsfeld durch
ein homogenes Medium in der Einsteinbox keine Gerade ist. Da im euklidischen[9]
Raum, also im flachen Raum, die kürzeste Strecke zwischen zwei Punkten aber
eine Gerade ist, folgern wir, dass der Raum im Gravitationsfeld nicht flach ist und
durch das Gravitationsfeld gekrümmt wird. Licht bewegt sich nach wie vor auf der
kürzesten Verbindungslinie zwischen zwei Punkten, die aber im gekrümmten Raum
selbst gekrümmt ist. (Ryder (2009), S. 13.)
      Das Phänomen, dass die kürzeste Strecke zwischen zwei Punkten gekrümmt ist,
tritt zum Beispiel auch bei Reisen auf der gekrümmten Kugeloberfläche unseres
Planeten auf. So stellt die direkte Reiserute zwischen Frankfurt und Sydney keine
Gerade dar, sondern den Abschnitt eines Großkreises.

---

[7] Pierre de Fermat, französicher Mathematiker und Jurist, 1601–1665.
[8] Willebrord Snel (Snell) von Royen, niederländischer Mathematiker und Physiker, 1580–
1626.
[9] Euklid, griechischer Mathematiker, um 365 v. Chr. – um 300 v. Chr.

Einstein folgerte also, dass man, um Gravitation zu erforschen, die gekrümmte Raum-Zeit studieren muss. Die Geometrie der Raum-Zeit, also die Krümmung der Raum-Zeit, bestimmt den Verlauf der kürzesten Strecken zwischen zwei Punkten. Der Grad der Ablenkung des Laserstrahls in der beschleunigten Einsteinbox wird durch die Beschleunigung der Box bestimmt. Äquivalent dazu bestimmt die Größe der Masse, die das Gravitationsfeld erzeugt, den Grad der Ablenkung des Laserstrahls in der Einsteinbox im Schwerefeld und damit auch die Stärke der Krümmung des Raumes. Dieser Zusammenhang zwischen gekrümmter Raumzeit und Masse wird durch die Einstein-Gleichungen beschrieben. (Rindler (2006), S. 21.)

2.3 Die Einstein-Gleichungen

In diesem Kapitel werden die Einstein-Gleichungen oder genauer die Einstein'schen Feldgleichungen im Ganzen mit ihrem Aufbau und ihrer Struktur kurz vorgestellt, um dann in den folgenden Kapiteln näher auf die einzelnen Komponenten einzugehen. Dabei wird sich an Meinel (2016) Kapitel 10 orientiert.

Die Einstein-Gleichungen[10] lauten

$$R_{\mu\nu} - \frac{1}{2}Rg_{\mu\nu} = \frac{8\pi G}{c^4}T_{\mu\nu} \tag{2.5}$$

und bestehen aus den folgenden Komponenten:

- $g_{\mu\nu}$: Metrischer Tensor
- $R_{\mu\nu}$: Ricci[11]-Tensor
- R : Krümmungsskalar
- c: Lichtgeschwindigkeit
- G: Gravitationskonstante
- $T_{\mu\nu}$: Energie-Impuls-Tensor

---

[10] Man findet in der Literatur die Einstein-Gleichungen mit unterschiedlichen Vorzeichen auf der rechten Seite. Das hängt von der gewählten Konvention ab. In dieser Arbeit wurde ein positives Vorzeichen gewählt. Beispiele aus der Literatur für diese Konvention sind: Gray (2019), Grøn und Næss (2011), Meinel (2016), Misner, Thorne und Wheeler (2017), Scheck (2017) und Zee (2013). Beispiele für die Konvention mit negativem Vorzeichen sind Fließbach (2016) und Weinberg (1972).

[11] Gregorio Ricci-Curbastro, italienischer Mathematiker, 1853–1925.

Auch wenn es auf den ersten Blick nur *eine* Gleichung zu sein scheint, handelt es sich bei Gleichung (2.5) um eine Tensorgleichung und damit um 16 einzelne Gleichungen für die 4^2 Wertekombinationen der Indizes μ und ν. Aus Symmetriegründen reduziert sich diese Anzahl aber zu zehn unabhängigen Gleichungen. Weiterhin lassen sich diese zehn Gleichungen auf sechs reduzieren, da die Einstein-Gleichungen in beliebigen Koordinatensystemen gelten müssen. Das heißt, dass man die Gleichungen in ein beliebiges Koordinatensystem transformieren kann und diese Transformation legt für jede Dimension der Raum-Zeit eine Gleichung, also insgesamt vier Gleichungen fest. Das bedeutet aber auch, dass durch möglichst geschickte Wahl der Koordinaten die Lösung der Einstein-Gleichungen erleichtert werden kann. (Fließbach (2016), S. 124.)

Die linke Seite der Gleichungen wird zusammenfassend mit $G_{\mu\nu}$ bezeichnet und Einstein-Tensor genannt. Der Einstein-Tensor besteht in allen Komponenten allein aus dem metrischen Tensor und dessen ersten beiden partiellen Ableitungen. Dabei kommen die zweiten Ableitungen nur in linearer Form, die ersten Ableitungen in quadratischer Form vor. (Fließbach (2016), S. 117.) Die Einstein-Gleichungen sind also Differentialgleichungen für die Größe $g_{\mu\nu}$, den metrischen Tensor. Die Nicht-Linearität des Einstein-Tensors und damit der Einstein'schen Feldgleichung ist der Grund dafür, dass das Superpositionsprinzip, also die einfache Überlagerung von Lösungen der Einstein-Gleichungen, nicht gilt und sich deshalb das Finden der Lösungen für die Einstein-Gleichungen verkompliziert.

Betrachtet man nur die linke Seite der Gleichungen und setzt die rechte gleich null, handelt es sich bei den Einstein-Gleichungen um homogene Differentialgleichungen. Damit wird das Gravitationsfeld ohne Anwesenheit von Quellen, also im Vakuum, beschrieben. Diese sogenannten freien Feldgleichungen wurden zum ersten Mal 1916 von Schwarzschild[12] für das Feld außerhalb einer sphärischen symmetrischen Masse im leeren Raum gelöst. (Rindler (2006), S. 228.) Diese Lösung wird genauer in Abschnitt 2.10.1 beschrieben.

Betrachtet man nun auch die rechte Seite der Gleichungen, erhält man die inhomogene Form der Einstein-Gleichungen. Der Energie-Impuls-Tensor $T_{\mu\nu}$ stellt die Quelle des Feldes dar. Er ist neben einigen konstanten Vorfaktoren die einzige Komponente der rechten Seite der Gleichung und damit auch die wichtigste. Vergleicht man die Einstein-Gleichungen (2.5) mit der Feldgleichung der Newton'schen Gravitationstheorie (2.4), so entspricht $T_{\mu\nu}$ der Massenverteilung $\varrho(\vec{r})$.

Tatsächlich lassen sich die Einstein-Gleichungen für den nicht-relativistischen Grenzfall, also für Geschwindigkeiten $v \ll c$ und kleine Massen, auf die Gleichung (2.4) reduzieren. Dabei werden nur die nullten Komponenten des metrischen

---

[12] Karl Siegmund Schwarzschild, deutscher Astronom, 1873–1916.

Tensors g_{00} und des Energie-Impuls-Tensors T_{00} betrachtet. Es werden dann die Komponenten angenähert mit $g_{00} \approx 1 + \frac{2\Phi}{c^2}$ und $T_{00} \approx \varrho c^2$. (Fließbach (2016), S.116.) Genauer wird der Grenzfall in Abschnitt 2.9 dargestellt.

Oft finden sich die Einstein'schen Feldgleichungen auch erweitert in folgender Form:

$$R_{\mu\nu} - \frac{1}{2} R g_{\mu\nu} + \Lambda g_{\mu\nu} = \frac{8\pi G}{c^4} T_{\mu\nu}. \tag{2.6}$$

Die eingeführte Größe Λ wird kosmologische Konstante genannt und ist ein Riemann-Skalar, also ein Skalar, der invariant unter beliebigen Koordinatentransformationen ist. Durch die Erweiterung der Einstein-Gleichungen mit der kosmologischen Konstanten werden weiterhin alle Anforderungen, die an die Gleichungen gestellt werden, erfüllt. Jedoch ist keine Reduktion auf den Newton'schen Grenzfall mehr möglich. Da die Newton'sche Gravitationstheorie aber gut zu den Gegebenheiten unseres Sonnensystems passt, muss Λ möglichst klein sein und wird auf $3 \cdot 10^{-52} \frac{1}{m^2}$ abgeschätzt ("Kosmologische Konstante" (1998)). Die kosmologische Konstante entspricht der Energiedichte im Vakuum und ist damit für die Dynamik des Kosmos als Ganzes von Bedeutung. (Fließbach (2016), S. 322.) Da sich die vorliegende Arbeit aber mit einzelnen Schwarzen Löchern befasst, ist die kosmologische Konstante für uns nicht relevant und wird deshalb nicht weiter betrachtet.

2.4   Der metrische Tensor

2.4.1   Tensoren und deren Transformation

In Abschnitt 2.3 wurden die Einstein-Gleichungen als Tensorgleichung bezeichnet und auch einzelne Komponenten der Gleichungen als Tensoren benannt. Deshalb ist es für das Verständnis der Einstein-Gleichungen essentiell mit Tensoren vertraut zu sein. Dieses Unterkapitel stellt Tensoren kurz vor und orientiert sich dabei an Fließbach (2016), Kapitel 5 und Grøn und Næss (2011), Kapitel 5.

Wir können Punkte in der vierdimensionalen Raum-Zeit mit einem Vierervektor x^μ mit $\mu = 0, 1, 2, 3$ beschreiben, dabei werden als Indizes griechische Buchstaben verwendet. Ein dreidimensionaler Vektor im dreidimensionalen Raum wird mit x^m mit $m = 1, 2, 3$ bezeichnet, wobei als Indizes lateinische Buchstaben verwendet werden. Die Darstellung des Vektors x^μ ist abhängig von der Wahl des Bezugssystems, also vom Koordinatensystem. Der Vektor selbst ist invariant und deshalb in allen Koordinatensystemen gleich. Wir können einen Punkt in der Raum-Zeit folglich in verschiedenen Bezugssystemen darstellen. Da kein Bezugssystem bevorzugt ist, muss es möglich sein, die Darstellung von einem System in ein anderes zu transformieren. Diese Transformation soll eindeutig und umkehrbar sein. Genau durch diese Transformation wird der Begriff Tensor definiert: Ein Objekt ist genau dann ein Tensor, wenn man ihn komponentenweise von einem Bezugssystem in ein anderes transformieren kann.[13]

Aus dieser Definition ergibt sich, dass ein Tensor nicht notwendigerweise einen Punkt in der Raumzeit beschreiben muss, ein Tensor muss nur der genannten Definition entsprechen. Tensoren werden in verschiedene Stufen eingeteilt, abhängig davon, aus wie vielen Komponenten sie zusammengesetzt sind.

Ein Tensor nullter Stufe ist ein Skalar T und kann zum Beispiel eine Masse sein. Ein Tensor nullter Stufe ist eine Zahl und ist deshalb in allen Bezugssystemen gleich.

Ein Tensor erster Stufe T^μ hat einen Index, also vier Komponenten, und man kann ihn sich als Vektor vorstellen. Ein Tensor erster Stufe wird mit

$$T'^\nu = A^\nu{}_\mu \, T^\mu = \frac{\partial x'^\nu}{\partial x^\mu} T^\mu \qquad (2.7)$$

transformiert. $A^\nu{}_\mu$ bezeichnet die verwendete Transformation. Dabei gilt, wie auch in der kompletten Arbeit, die Einstein'sche Summenkonvention, das heißt über doppelt auftretende Indizes wird summiert. Es wird je nachdem, ob der Index beim Tensor erster Stufe oben oder unten steht, von einem kontravarianten Tensor T^μ oder einem kovarianten Tensor T_μ gesprochen.

Kovariante Tensoren transformieren mit der inversen Transformation $(A^\nu{}_\mu)^{-1} = A_\nu{}^\mu$:

$$T'_\nu = A_\nu{}^\mu T_\mu = \frac{\partial x^\mu}{\partial x'^\nu} T_\mu. \qquad (2.8)$$

Ein Tensor zweiter Stufe $T^{\mu\nu}$ hat zwei Indizes und damit 16 Komponenten. Man kann ihn sich als Kombination zweier Tensoren erster Stufe mit unterschiedlichen Indizes vorstellen: $T^{\mu\nu} = U^\mu V^\nu$. Ein Tensor zweiter Stufe transformiert mit

$$T'^{\mu\nu} = A^\mu{}_\alpha \, A^\nu{}_\beta \, T^{\alpha\beta} = \frac{\partial x'^\mu}{\partial x^\alpha} \frac{\partial x'^\nu}{\partial x^\beta} T^{\alpha\beta}. \qquad (2.9)$$

Die Tensoren höherer Stufen lassen sich nach demselben Schema beschreiben und transformieren. Wichtig ist, wenn man sich Tensoren höherer Stufe als eine Kombination von Tensoren niedriger Stufe vorstellt, zu beachten, dass die kombinierten

---

[13] Hinsichtlich einer mathematisch rigorosen Definition sei auf Fischer und Springborn (2020), Abschnitt 7.3 verwiesen.

Tensoren unterschiedliche Indizes haben müssen. So ist $T^{\mu}T^{\nu}$ ein Tensor zweiter Stufe, aber $T_{\mu}T^{\mu}$ ein Tensor nullter Stufe, denn bei $T_{\mu}T^{\mu}$ handelt es sich um das Skalarprodukt, bei dem über die gleichnamigen Indizes summiert wird und man als Ergebnis einen Skalar erhält.

2.4.2   Spielen mit dem Satz des Pythagoras

Der Satz des Pythagoras[14] lautet $c^2 = a^2 + b^2$. Darauf aufbauend kann man im zweidimensionalen oder im mehrdimensionalen Raum eine Weglänge ds^2 bestimmen. Wir betrachten hier zunächst den bekannteren zweidimensionalen Fall und machen danach den Schritt in die für die Einstein-Gleichungen benötigten vier Dimensionen der Raum-Zeit. Die Regeln für Tensoren aus dem vorhergehenden Unterkapitel 2.4.1 lassen sich ohne Probleme auch auf den zweidimensionalen Fall anwenden. Das Kapitel orientiert sich an den Inhalten von Fließbach (2016), S. 43 f.

Die Weglänge ds^2 wird im zweidimensionalen euklidischen Raum mit kartesischem Koordinatensystem durch folgende Gleichung beschrieben:

$$ds^2 = (dx^1)^2 + (dx^2)^2. \tag{2.10}$$

Verallgemeinert man diese Gleichung erhält man:

$$ds^2 = dx^r dx^r = \delta_{rs} dx^r dx^s, \tag{2.11}$$

wobei δ_{rs} das sogenannte Kronecker[15]-Delta ist. δ_{rs} ist hier der metrische Tensor zur kanonischen Basis.

Wir können mit Hilfe der Gleichung (2.7) auch die einzelnen Richtungskomponenten aus einem Bezugssystem in ein anderes transformieren, um die Weglänge ds^2 in dem anderen Bezugssystem auszudrücken. Die Komponente dx^r transformiert mit

$$dx^r = \frac{\partial x^r}{\partial x'^m} dx'^m. \tag{2.12}$$

Damit kann die Gleichung (2.11) umgeschrieben werden zu:

$$ds^2 = \delta_{rs} \frac{\partial x^r}{\partial x'^m} \frac{\partial x^s}{\partial x'^n} dx'^m dx'^n. \tag{2.13}$$

---

[14] Pythagoras, griechischer Philosoph und Mathematiker, um 570 v. Chr. – 500 v. Chr.

[15] Leopold Kronecker, deutscher Mathematiker, 1823–1891.

Der „Vorfaktor", der die Gleichung (2.13) von Gleichung (2.11) unterscheidet, ist der metrische Tensor g_{mn} in transformierter Basis für den euklidischen Raum und lautet

$$g_{mn} = \delta_{rs} \frac{\partial x^r}{\partial x'^m} \frac{\partial x^s}{\partial x'^n}. \tag{2.14}$$

Mit Hilfe des metrischen Tensors g_{mn} lässt sich nun die Gleichung für die Weglänge verkürzt schreiben als

$$ds^2 = g_{mn} dx'^m dx'^n. \tag{2.15}$$

Diese Gleichung entspricht demnach der Gleichung (2.11) in transformierter Basis.

Dabei gilt, dass der metrische Tensor g_{mn} symmetrisch ist, also $g_{mn} = g_{nm}$. Außerdem hat der metrische Tensor eine Inverse. Das heißt, es gibt ein $(g_{mn})^{-1}$, sodass gilt $g_{mn}(g_{mn})^{-1} = \mathbb{1}$. Diese Inverse ist beim kovarianten metrischen Tensor gerade die kontravariante Form: $(g_{mn})^{-1} = (g^{mn})$. Der metrische Tensor wird dann für die Umwandlung eines kovarianten Tensors in einen kontravarianten und umgekehrt verwendet (Poltermann (2017), S. 24 f.):

$$T_m g^{mn} = T^n, \tag{2.16}$$
$$T^m g_{mn} = T_n.$$

Der metrische Tensor wird wie andere Tensoren zweiter Stufe auch mit Gleichung (2.9) und der Form der Gleichung für kovariante Tensoren transformiert.

Für kartesische Koordinaten im flachen Raum reduziert sich g_{mn} zu δ_{mn}. Man kann im zweidimensionalen euklidischen Raum aber auch andere Koordinatensysteme wählen, wie zum Beispiel die Polarkoordinaten, für die g_{mn} anders aussieht. Deshalb bestimmen wir jetzt $g_{mn}(\rho, \varphi)$ für die Polarkoordinaten $y^1 = \rho$ und $y^2 = \varphi$. Dafür verwenden wir Gleichung (2.14).

Für die Umrechnung von kartesischen Koordinaten in Polarkoordinaten gilt $x^1 = \rho \cos(\varphi)$ und $x^2 = \rho \sin(\varphi)$. Zur Berechnung von $g_{mn}(\rho, \varphi)$ bestimmen wir zunächst die Ableitungen von x^1 und x^2 nach ρ und φ:

$$\frac{\partial x^1}{\partial \rho} = \cos(\varphi), \quad \frac{\partial x^1}{\partial \varphi} = -\rho \sin(\varphi), \quad \frac{\partial x^2}{\partial \rho} = \sin(\varphi), \quad \frac{\partial x^2}{\partial \varphi} = \rho \cos(\varphi).$$

Diese Ergebnisse können wir nun in Gleichung (2.14) einsetzen und so die einzelnen Komponenten von $g_{mn}(\rho, \varphi)$ berechnen:

$$g_{11}(\rho, \varphi) = \delta_{mn} \frac{\partial x^m}{\partial \rho} \frac{\partial x^n}{\partial \rho} = (\cos(\varphi))^2 + (\sin(\varphi))^2 = 1,$$

$$g_{22}(\rho, \varphi) = \delta_{mn} \frac{\partial x^m}{\partial \varphi} \frac{\partial x^n}{\partial \varphi},$$

$$= (-\rho \, \sin(\varphi))^2 + (\rho \, \cos(\varphi))^2 = \rho^2((\sin(\varphi))^2 + (\cos(\varphi))^2) = \rho^2,$$

$$g_{12}(\rho, \varphi) = g_{21}(\rho, \varphi) = \delta_{mn} \frac{\partial x^m}{\partial \varphi} \frac{\partial x^n}{\partial \rho}$$

$$= \cos(\varphi)(-\rho \, \sin(\varphi)) + \sin(\varphi) \, \rho \, \cos(\varphi) = 0.$$

Damit ergibt sich für $g_{mn}(\rho, \varphi)$:

$$g_{mn}(\rho, \varphi) = \begin{pmatrix} 1 & 0 \\ 0 & \rho^2 \end{pmatrix}. \tag{2.17}$$

(Boblest, T. Müller und Wunner (2016) S. 188.)

Der metrische Tensor nimmt für den gleichen Raum je nach Wahl des Koordinatensystems andere Formen an. Ein anderer, auf den ersten Blick „ungewöhnlicher" metrischer Tensor besagt deshalb noch nicht, ob der betrachtete Raum gekrümmt ist. Diese Eigenschaft des Raumes wird am Krümmungstensor sichtbar, der in Abschnitt 2.7.2 besprochen wird.

Um einen Vergleich mit einem einfachen gekrümmten Raum zu schaffen, betrachten wir nun außerdem den metrischen Tensor für die gekrümmte zweidimensionale Oberfläche einer Kugel $g_{mn}(\phi, \theta)$. Dafür nutzen wir Kugelkoordinaten, bei denen wir den Wert des Radius auf eins festlegen und für die Winkel die Koordinaten $y^1 = \phi$ und $y^2 = \theta$ verwenden. Der Rechenprozess ist derselbe wie für $g_{mn}(\rho, \varphi)$, nur dass nun die dreidimensionalen kartesischen Koordinaten x^1, x^2, x^3 verwendet werden. Wir können auch hier die Gleichung (2.14) verwenden, da wir uns zu Nutze machen, dass auch eine gekrümmte Kugeloberfläche für kleine Raumbereiche als flach angenähert werden kann. Wir nutzen also ein lokales Inertialsystem. Für die Umrechnung der kartesischen Koordinaten in die Koordinaten auf der Oberfläche der Einheitskugel gilt: $x^1 = \sin(\theta)\cos(\phi)$, $x^2 = \sin(\theta)\sin(\phi)$ und $x^3 = \cos(\theta)$. Für die Ableitungen erhalten wir:

$$\frac{\partial x^1}{\partial \phi} = -\sin(\theta)\sin(\phi), \quad \frac{\partial x^2}{\partial \phi} = \sin(\theta)\cos(\phi), \quad \frac{\partial x^3}{\partial \phi} = 0,$$

$$\frac{\partial x^1}{\partial \theta} = \cos(\theta)\cos(\phi), \quad \frac{\partial x^2}{\partial \theta} = \cos(\theta)\sin(\phi), \quad \frac{\partial x^3}{\partial \theta} = -\sin(\theta).$$

Für die einzelnen Komponenten von $g_{mn}(\phi, \theta)$ ergibt sich nun:

$$g_{11}(\phi, \theta) = \delta_{mn} \frac{\partial x^m}{\partial \phi} \frac{\partial x^n}{\partial \phi} = (-\sin(\theta)\sin(\phi))^2 + (\sin(\theta)\cos(\phi))^2 + 0 = (\sin(\theta))^2,$$

$$g_{22}(\phi, \theta) = \delta_{mn} \frac{\partial x^m}{\partial \theta} \frac{\partial x^n}{\partial \theta} = (\cos(\theta)\cos(\phi))^2 + (\cos(\theta)\sin(\phi))^2 + (-\sin(\theta))^2 = 1,$$

$$g_{12}(\phi, \theta) = g_{21}(\phi, \theta) = \delta_{mn} \frac{\partial x^m}{\partial \phi} \frac{\partial x^n}{\partial \theta}$$

$$= -\sin(\theta)\sin(\phi)\cos(\theta)\cos(\phi) + \sin(\theta)\cos(\phi)\cos(\theta)\sin(\phi) + 0 = 0.$$

Damit erhalten wir für $g_{mn}(\phi, \theta)$:

$$g_{mn}(\phi, \theta) = \begin{pmatrix} \sin(\theta)^2 & 0 \\ 0 & 1 \end{pmatrix}. \tag{2.18}$$

(Boblest, T. Müller und Wunner (2016), S. 189.)

Die Einstein-Gleichungen beschreiben statt der hier betrachteten zwei Raum-Dimensionen aber vier Raum-Zeit-Dimensionen, deshalb wird nun der metrische Tensor $g_{\mu\nu}$ für den flachen Minkowski[16]-Raum vorgestellt. Im Prinzip besteht die nötige Änderung, um von g_{mn} zu $g_{\mu\nu}$ zu gelangen, darin, das Kronecker-Delta δ_{mn} durch den Minkowski-Tensor $\eta_{\mu\nu}$ zu ersetzen. Der Minkowski-Tensor ist der metrische Tensor für kartesische Koordinaten im vierdimensionalen, flachen Minkowski-Raum (Fließbach (2016), S. 23), so wie das Kronecker-Delta dem metrischen Tensor für kartesische Koordinaten im zwei-oder dreidimensionalen, flachen euklidischen Raum entspricht. Der Minkowski-Tensor ist ein Tensor zweiter Stufe und ist definiert als

$$\eta_{\mu\nu} = \text{diag}(1, -1, -1, -1). \tag{2.19}$$

Im vierdimensionalen Minkowski-Raum lautet der metrische Tensor $g_{\mu\nu}$ dann

$$g_{\mu\nu} = \eta_{\rho\sigma} \frac{\partial x^\rho}{\partial x'^\mu} \frac{\partial x^\sigma}{\partial x'^\nu}, \tag{2.20}$$

sodass sich die Weglänge in vier Dimensionen schreiben lässt als

$$ds^2 = g_{\mu\nu} dx'^\mu dx'^\nu. \tag{2.21}$$

---

[16] Hermann Minkowski, litauisch-deutscher Mathematiker und Physiker, 1864–1909.

Wenn wir den metrischen Tensor für die vierdimensionale gekrümmte Raum-Zeit berechnen wollen, dann machen wir eine ähnliche Näherung wie schon bei der gekrümmten Kugeloberfläche. Wir nehmen an, dass für kleine lokale Bereiche die Raum-Zeit annähernd flach ist. Das bedeutet, wir beziehen unsere Betrachtungen auf lokale Inertialsysteme.

2.5 Bewegung im Gravitationsfeld

Mit dem bekannten Transformationsverhalten von Tensoren und dem metrischen Tensor können wir nun die Bewegung von Teilchen im Gravitationsfeld genauer betrachten. Dabei orientiert sich das Kapitel an Fließbach (2016), Kapitel 11.

2.5.1 Geodätengleichung

Wir haben ein lokales Inertialsystem so definiert, dass in ihm keine Gravitation und keine Scheinkräfte vorhanden sind. Das bedeutet, dass die Beschleunigung eines kräftefreien Massenpunktes gleich null ist und die Bewegung damit durch

$$\frac{d^2\xi^\alpha}{d\tau^2} = 0 \qquad (2.22)$$

beschrieben werden kann. (Fließbach (2016), S. 54.) Dabei sind ξ^α die Minkowski-Koordinaten des Massenpunktes, also die Koordinaten im lokalen Inertialsystem und τ die Eigenzeit. Die Gleichung (2.22) lässt sich durch Integration lösen und man erhält eine Geradengleichung:

$$\xi^\alpha = a^\alpha \tau + b^\alpha. \qquad (2.23)$$

Diese Darstellung ist allerdings auf ein lokales Inertialsystem beschränkt, das einen lokal flachen Raum beschreibt. Wir wollen nun durch eine Transformation von ξ^α zu x^μ die Bewegung des Massenpunktes von einem Ort außerhalb des lokalen Inertialsystems beschreiben und nutzen dafür die Transformation

$$d\xi^\alpha = \frac{\partial \xi^\alpha}{\partial x^\mu} dx^\mu. \qquad (2.24)$$

Das können wir in die Gleichung (2.22) einsetzen,

$$
\begin{aligned}
0 = \frac{d^2\xi^\alpha}{d\tau^2} &= \frac{d}{d\tau}\left(\frac{\partial\xi^\alpha}{\partial x^\mu}\frac{dx^\mu}{d\tau}\right) \\
&= \frac{\partial\xi^\alpha}{\partial x^\mu}\frac{d^2x^\mu}{d\tau^2} + \left(\frac{d}{d\tau}\frac{\partial\xi^\alpha}{\partial x^\mu}\right)\frac{dx^\mu}{d\tau} \\
&= \frac{\partial\xi^\alpha}{\partial x^\mu}\frac{d^2x^\mu}{d\tau^2} + \frac{\partial^2\xi^\alpha}{\partial x^\mu\partial x^\nu}\frac{dx^\mu}{d\tau}\frac{dx^\nu}{d\tau}.
\end{aligned}
\tag{2.25}
$$

Die resultierende Gleichung können wir dann mit $\frac{\partial x^\kappa}{\partial\xi^\alpha}$ multiplizieren, wodurch sich im ersten Term ergibt:

$$
\frac{\partial x^\kappa}{\partial\xi^\alpha}\frac{\partial\xi^\alpha}{\partial x^\mu} = \delta^\kappa_\mu = \begin{cases} 1 & \text{für } \kappa = \mu, \\ 0 & \text{sonst.} \end{cases}
\tag{2.26}
$$

Damit erhalten wir:

$$
0 = \frac{d^2x^\kappa}{d\tau^2} + \frac{\partial x^\kappa}{\partial\xi^\alpha}\frac{\partial^2\xi^\alpha}{\partial x^\mu\partial x^\nu}\frac{dx^\mu}{d\tau}\frac{dx^\nu}{d\tau}.
\tag{2.27}
$$

Wir stellen das Ergebnis um und erhalten damit die Bewegungsgleichung des Massenpunktes im Gravitationsfeld:

$$
\frac{d^2x^\kappa}{d\tau^2} = -\Gamma^\kappa_{\mu\nu}\frac{dx^\mu}{d\tau}\frac{dx^\nu}{d\tau},
\tag{2.28}
$$

wobei

$$
\Gamma^\kappa_{\mu\nu} = \frac{\partial x^\kappa}{\partial\xi^\alpha}\frac{\partial^2\xi^\alpha}{\partial x^\mu\partial x^\nu}
\tag{2.29}
$$

ist. Der Ausdruck $\Gamma^\kappa_{\mu\nu}$ wird Christoffel[17]-Symbol genannt.

Die Bewegungsgleichung beschreibt nun die Bewegung in einem Bezugssystem mit Gravitationsfeld, wobei die rechte Seite die Gravitationskräfte beschreibt, wenn man die Gleichung mit der Masse m multipliziert.

Die Bewegungsgleichung ist eine Differentialgleichung zweiter Ordnung von x^κ. Oft wird sie auch Geodätengleichung genannt, womit die lokal kürzeste Verbin-

---

[17] Elwin Bruno Christoffel, deutscher Mathematiker, 1829–1900.

dung zwischen zwei Punkten gemeint ist. Dabei ist zu beachten, dass der kürzeste
Weg zwischen zwei Punkten immer einer Geodäte folgt, aber eine Geodäte nicht
notwendigerweise der kürzeste Weg zwischen zwei Punkten im Raum sein muss.
Das wird schnell deutlich, wenn man Bewegungen auf der gekrümmten zweidimensionalen Oberfläche einer Kugel betrachtet. Die Geodäten sind hier Großkreise. Legt
man einen Großkreis durch zwei Punkte auf der Kugeloberfläche, dann kann man
dem Großkreis folgend zwei Strecken vom einen zum anderen Punkt wählen. Nur
die kürzere der beiden Strecken ist die kürzeste Verbindung, obwohl beide Strecken
Geodäten sind.

Für ein Photon ergibt sich eine analoge Bewegungsgleichung, nur dass wir den
Parameter τ nicht als Eigenzeit identifizieren dürfen, denn diese ist für eine Licht-
front gleich null. Stattdessen verwenden wir λ als Bahnparameter:

$$\frac{d^2 x^\kappa}{d\lambda^2} = -\Gamma^\kappa_{\mu\nu} \frac{dx^\mu}{d\lambda} \frac{dx^\nu}{d\lambda}. \tag{2.30}$$

2.5.2 Christoffel-Symbole

Die neu eingeführten Christoffel-Symbole lassen sich neben der Definition in Gleichung (2.29) auch durch den metrischen Tensor und dessen erste partielle Ableitungen darstellen. Dass dies möglich ist, legt ein Vergleich zwischen Gleichung (2.29)
und Gleichung (2.20) nahe:

$$\Gamma^\kappa_{\mu\nu} = \frac{\partial x^\kappa}{\partial \xi^\alpha} \frac{\partial^2 \xi^\alpha}{\partial x^\mu \partial x^\nu} \quad \text{und} \quad g_{\mu\nu} = \eta_{\alpha\beta} \frac{\partial \xi^\alpha}{\partial x^\mu} \frac{\partial \xi^\beta}{\partial x^\nu}. \tag{2.31}$$

Dazu betrachten wir zunächst folgende Kombination von ersten Ableitungen des
metrischen Tensors:

$$
\begin{aligned}
\frac{\partial g_{\mu\nu}}{\partial x^\lambda} + \frac{\partial g_{\lambda\nu}}{\partial x^\mu} - \frac{\partial g_{\mu\lambda}}{\partial x^\nu} &= \eta_{\alpha\beta} \frac{\partial^2 \xi^\alpha}{\partial x^\lambda \partial x^\mu} \frac{\partial \xi^\beta}{\partial x^\nu} + \eta_{\alpha\beta} \frac{\partial^2 \xi^\beta}{\partial x^\lambda \partial x^\nu} \frac{\partial \xi^\alpha}{\partial x^\mu} \\
&\quad + \eta_{\alpha\beta} \frac{\partial^2 \xi^\alpha}{\partial x^\mu \partial x^\lambda} \frac{\partial \xi^\beta}{\partial x^\nu} + \eta_{\alpha\beta} \frac{\partial^2 \xi^\beta}{\partial x^\mu \partial x^\nu} \frac{\partial \xi^\alpha}{\partial x^\lambda} \\
&\quad - \eta_{\alpha\beta} \frac{\partial^2 \xi^\alpha}{\partial x^\nu \partial x^\mu} \frac{\partial \xi^\beta}{\partial x^\lambda} - \eta_{\alpha\beta} \frac{\partial^2 \xi^\beta}{\partial x^\nu \partial x^\lambda} \frac{\partial \xi^\alpha}{\partial x^\mu} \\
&= 2\eta_{\alpha\beta} \frac{\partial^2 \xi^\alpha}{\partial x^\lambda \partial x^\mu} \frac{\partial \xi^\beta}{\partial x^\nu}. \tag{2.32}
\end{aligned}
$$

Dabei kürzen sich der zweite und der sechste Term mit Hilfe des Satzes von Schwarz[18] gegeneinander weg, ebenso wie der vierte und der fünfte Term, da die stummen Indizes α und β vertauscht werden können und $\eta_{\alpha\beta}$ symmetrisch ist. (*Satz von Schwarz* (2020)) Weiter betrachten wir nun das Produkt aus metrischem Tensor und Christoffel-Symbol:

$$
\begin{aligned}
g_{\nu\sigma}\Gamma^{\sigma}_{\mu\lambda} &= \eta_{\alpha\beta}\frac{\partial\xi^{\alpha}}{\partial x^{\nu}}\frac{\partial\xi^{\beta}}{\partial x^{\sigma}}\frac{\partial x^{\sigma}}{\partial\xi^{\gamma}}\frac{\partial^{2}\xi^{\gamma}}{\partial x^{\mu}\partial x^{\lambda}} \\
&= \eta_{\alpha\beta}\frac{\partial\xi^{\alpha}}{\partial x^{\nu}}\delta^{\beta}_{\gamma}\frac{\partial^{2}\xi^{\gamma}}{\partial x^{\mu}\partial x^{\lambda}} \\
&= \eta_{\alpha\beta}\frac{\partial\xi^{\alpha}}{\partial x^{\nu}}\frac{\partial^{2}\xi^{\beta}}{\partial x^{\mu}\partial x^{\lambda}} \\
&= \frac{1}{2}\left(\frac{\partial g_{\mu\nu}}{\partial x^{\lambda}}+\frac{\partial g_{\lambda\nu}}{\partial x^{\mu}}-\frac{\partial g_{\mu\lambda}}{\partial x^{\nu}}\right).
\end{aligned}
\tag{2.33}
$$

Dabei haben wir im zweiten Schritt das Analogon zu Gleichung (2.26) verwendet. Außerdem haben wir uns im letzten Schritt wieder zu Nutze gemacht, dass α und β als stumme Indizes vertauscht werden dürfen und konnten deshalb das Ergebnis der vorherigen Rechnung einsetzen. Im nächsten Schritt können wir nun noch die Gleichung nach dem Christoffel-Symbol umstellen und nur in Abhängigkeit des metrischen Tensors ausdrücken, indem wir die Gleichung mit $g^{\kappa\nu}$ multiplizieren, da $g^{\kappa\nu}g_{\nu\sigma}=\delta^{\kappa}_{\sigma}$ ist:

$$
\Gamma^{\kappa}_{\mu\lambda} = \frac{1}{2}g^{\kappa\nu}\left(\frac{\partial g_{\mu\nu}}{\partial x^{\lambda}}+\frac{\partial g_{\lambda\nu}}{\partial x^{\mu}}-\frac{\partial g_{\mu\lambda}}{\partial x^{\nu}}\right).
\tag{2.34}
$$

Das bedeutet für die Bewegungsgleichung, dass die Gravitationskräfte auf der rechten Seite von den partiellen Ableitungen des metrischen Tensors abhängen.

Eine wichtige Eigenschaft der Christoffel-Symbole ist ihre Symmetrie. Das bedeutet $\Gamma^{\kappa}_{\mu\lambda}=\Gamma^{\kappa}_{\lambda\mu}$. Diese Eigenschaft ergibt sich mit dem Satz von Schwarz, der besagt, dass die partielle Ableitungen in der Definition der Christoffel-Symbole vertauscht werden dürfen, weil die Funktionen, die abgeleitet werden, mehrfach stetig differenzierbar sind. (*Satz von Schwarz* (2020).)

Da Christoffel-Symbole in den Einstein-Gleichungen vorkommen und vom metrischen Tensor abhängen, berechnen wir nun die Christoffel-Symbole für die drei Beispiele aus Abschnitt 2.4.2: g_{mn}, $g_{mn}(\rho,\varphi)$ und $g_{mn}(\phi,\theta)$.

---

[18] Hermann Amondus Schwarz, deutscher Mathematiker, 1843–1921.

Zur Berechnung der Christoffel-Symbole müssen zunächst die kontravarianten metrischen Tensoren g^{mn}, die die Inversen der kovarianten metrischen Tensoren g_{mn} darstellen, bestimmt werden. Das heißt für kartesische Koordinaten $g_{mn} = g^{mn} = \delta_{mn}$. Für Polarkoordinaten ergibt sich

$$g^{mn}(\rho, \varphi) = \begin{pmatrix} 1 & 0 \\ 0 & \frac{1}{\rho^2} \end{pmatrix} \tag{2.35}$$

und für die Koordinaten auf der Oberfläche der Einheitskugel

$$g^{mn}(\phi, \theta) = \begin{pmatrix} \frac{1}{\sin(\theta)^2} & 0 \\ 0 & 1 \end{pmatrix}. \tag{2.36}$$

Bei der Berechnung ergeben sich acht verschiedene Christoffel-Symbole für unterschiedliche Kombinationen von Indizes, wobei wir aufgrund ihrer Symmetrie nur sechs Christoffel-Symbole für jedes Koordinatensystem berechnen müssen. Wir werden nun beispielhaft das Christoffel-Symbol Γ^1_{12} für kartesische Koordinaten mit Hilfe der Gleichung (2.34) berechnen:

$$\begin{aligned} \Gamma^1_{12} &= \frac{1}{2} g^{11} \left(\frac{\partial g_{11}}{\partial x^2} + \frac{\partial g_{12}}{\partial x^1} - \frac{\partial g_{12}}{\partial x^1} \right) \\ &+ \frac{1}{2} g^{21} \left(\frac{\partial g_{21}}{\partial x^2} + \frac{\partial g_{22}}{\partial x^1} - \frac{\partial g_{12}}{\partial x^2} \right) \\ &= \frac{1}{2} \cdot 1 \, (0 + 0 - 0) + \frac{1}{2} \cdot 0 \, (0 + 0 - 0) \\ &= 0. \end{aligned}$$

Insgesamt ergeben sich folgende Ergebnisse für die Christoffel-Symbole für kartesische Koordinaten:

$$\Gamma^1_{11} = 0, \; \Gamma^1_{22} = 0, \; \Gamma^1_{12} = \Gamma^1_{21} = 0, \; \Gamma^2_{11} = 0, \; \Gamma^2_{22} = 0, \; \Gamma^2_{12} = \Gamma^2_{21} = 0. \tag{2.37}$$

Wie zu erwarten war, sind die Christoffel-Symbole für konstante Basisvektoren, wie sie im kartesischen Koordinatensystem existieren, alle null.

Für die Polarkoordinaten ergeben sich folgende Christoffel-Symbole:

$$\Gamma^1_{11} = 0, \ \Gamma^1_{22} = -\rho, \ \Gamma^1_{12} = \Gamma^1_{21} = 0, \ \Gamma^2_{11} = 0, \ \Gamma^2_{22} = 0, \ \Gamma^2_{12} = \Gamma^2_{21} = \frac{1}{\rho}.$$
(2.38)

(Vgl. Hübner (2009), S.41.)
Für Polarkoordinaten verschwinden nicht alle Christoffel-Symbole.
Für die Koordinaten auf der Oberfläche der Einheitskugel können wir folgende
Christoffel-Symbole berechnen:

$$\Gamma^1_{11} = 0, \ \Gamma^1_{22} = 0, \ \Gamma^1_{12} = \Gamma^1_{21} = \frac{\cos(\theta)}{\sin(\theta)},$$
(2.39)
$$\Gamma^2_{11} = -\sin(\theta)\cos(\theta), \ \Gamma^2_{22} = 0, \ \Gamma^2_{12} = \Gamma^2_{21} = 0.$$

(Vgl. Hübner (2009), S.42, dort allerdings für einen variablen Radius.)
Auch hier verschwinden nicht alle Komponenten. Aus dem Vergleich für die
Ergebnisse für die kartesischen und die Polarkoordinaten kann man sehen, dass nicht
verschwindende Christoffel-Symbole nicht automatisch eine Krümmung beinhalten. In beiden Fällen wird die Ebene beschrieben.

2.5.3 Näherung der Newton'schen Bewegungsgleichung

Die Gleichung (2.3) aus dem Abschnitt 2.1 beschreibt die Bewegung eines Teilchens
im Gravitationsfeld entsprechend der Newton'schen Gravitationstheorie. Wir wollen
nun zeigen, dass sich die Geodätengleichung (2.28) für kleine Geschwindigkeiten
und für schwache statische Felder auf die Gleichung (2.3) reduzieren lässt.

Für diesen sogenannten nicht-relativistischen Grenzfall entspricht die Raum-
Zeit annähernd dem Minkowski-Raum, deshalb können wir den metrischen Tensor
schreiben als:

$$g_{\alpha\beta} = \eta_{\alpha\beta} + h_{\alpha\beta} \quad \text{und}$$
(2.40)
$$g^{\alpha\beta} = \eta^{\alpha\beta} - h^{\alpha\beta}, \quad \text{wobei} \ |h_{\alpha\beta}| \ll 1.$$
(2.41)

Außerdem nehmen wir an, dass der metrische Tensor sich zeitlich stabil verhält und
deshalb Ableitungen des metrischen Tensors nach der Zeit ungefähr null sind:

$$\frac{\partial g_{\alpha\beta}}{\partial x^0} = \frac{\partial g_{\alpha\beta}}{\partial \tau} = 0. \tag{2.42}$$

Damit können wir das Christoffel-Symbol mit Hilfe von Gleichung (2.34) genauer bestimmen:

$$\begin{aligned}
\Gamma^{\mu}_{\alpha\beta} &= \frac{1}{2} g^{\mu\rho} \left(\frac{\partial g_{\rho\alpha}}{\partial x^\beta} + \frac{\partial g_{\rho\beta}}{\partial x^\alpha} - \frac{\partial g_{\alpha\beta}}{\partial x^\rho} \right) \\
&= \frac{1}{2} (\eta^{\mu\rho} - h^{\mu\rho}) \left(\frac{\partial (\eta_{\rho\alpha} + h_{\rho\alpha})}{\partial x^\beta} + \frac{\partial (\eta_{\rho\beta} + h_{\rho\beta})}{\partial x^\alpha} - \frac{\partial (\eta_{\alpha\beta} + h_{\alpha\beta})}{\partial x^\rho} \right) \\
&= \frac{1}{2} (\eta^{\mu\rho} - h^{\mu\rho}) \left(\frac{\partial h_{\rho\alpha}}{\partial x^\beta} + \frac{\partial h_{\rho\beta}}{\partial x^\alpha} - \frac{\partial h_{\alpha\beta}}{\partial x^\rho} \right) \\
&\approx \frac{1}{2} \eta^{\mu\rho} \left(\frac{\partial h_{\rho\alpha}}{\partial x^\beta} + \frac{\partial h_{\rho\beta}}{\partial x^\alpha} - \frac{\partial h_{\alpha\beta}}{\partial x^\rho} \right). \tag{2.43}
\end{aligned}$$

Dabei haben wir im zweiten Schritt die Ableitungen von $\eta_{\alpha\beta}$ weggelassen, die gleich null sind, weil $\eta_{\alpha\beta}$ nur aus Konstanten besteht. Im letzten Schritt haben wir uns zu Nutze gemacht, dass $h_{\alpha\beta}$ sehr klein ist.

Beim Newton'schen Grenzfall wird außerdem von kleinen Geschwindigkeiten ausgegangen, das heißt Geschwindigkeiten, die klein sind im Vergleich zur Lichtgeschwindigkeit, also:

$$\left| \frac{dx^m}{d\tau} \right| \ll \frac{dx^0}{d\tau} = c \tag{2.44}$$

$$\Rightarrow v^\mu = \frac{dx^\mu}{d\tau} \approx (c, 0, 0, 0). \tag{2.45}$$

(Dabei ist zu beachten, dass die drei Raum-Dimensionen mit lateinischen Buchstaben als Indizes und die vier Raum-Zeit-Dimensionen mit griechischen Buchstaben bezeichnet werden.)

Wir müssen bei der Bestimmung der Lösung der Geodätengleichung auf der rechten Seite also nur die Beiträge von v^0 betrachten. Das bedeutet:

$$\frac{d^2 x^\mu}{d\tau^2} = -\Gamma^{\mu}_{00} \frac{dx^0}{d\tau} \frac{dx^0}{d\tau} = -\Gamma^{\mu}_{00} cc. \tag{2.46}$$

Nun müssen wir noch Γ_{00}^{μ} bestimmen. Dazu betrachten wir zuerst Γ_{00}^{0}:

$$\Gamma_{00}^{0} \approx \frac{1}{2}\eta^{00}\left(\frac{\partial h_{00}}{\partial x^0} + \frac{\partial h_{00}}{\partial x^0} - \frac{\partial h_{00}}{\partial x^0}\right) = 0, \tag{2.47}$$

weil die Ableitungen des metrischen Tensors bezüglich der Zeit nach Voraussetzung null sein sollen.

Also betrachten wir die anderen Komponenten des Christoffel-Symbols Γ_{00}^{m}:

$$\begin{aligned}
\Gamma_{00}^{m} &\approx \frac{1}{2}\eta^{mr}\left(\frac{\partial h_{r0}}{\partial x^0} + \frac{\partial h_{r0}}{\partial x^0} - \frac{\partial h_{00}}{\partial x^r}\right) \\
&= -\frac{1}{2}\eta^{mr}\frac{\partial h_{00}}{\partial x^r} \\
&= \frac{1}{2}\frac{\partial h_{00}}{\partial x^m}.
\end{aligned} \tag{2.48}$$

Auch hier haben wir alle Ableitungen nach der Zeit weggelassen und es uns zu Nutze gemacht, dass η^{mr} nur Einträge für gleiche Indizes hat und diese für die drei Raumrichtungen gleich -1 sind. Das Ergebnis können wir nun in Gleichung (2.46) einsetzen, wobei wir, weil $\frac{dt}{d\tau} \approx 1$ ist, schreiben können:

$$\frac{d^2 x^m}{dt^2} = -\frac{1}{2}c^2\frac{\partial h_{00}}{\partial x^m}. \tag{2.49}$$

Diese Gleichung können wir nun vergleichen mit der Newton'schen Bewegungsgleichung (2.3) und dabei wird ersichtlich, dass die beiden Gleichungen für $h_{00} = \frac{2\Phi}{c^2}$ übereinstimmen. Für g_{00} bedeutet das

$$g_{00} = 1 + \frac{2\Phi}{c^2}, \tag{2.50}$$

da $\eta_{00} = 1$ ist.

2.6   Kovariante Ableitung

Dieses Kapitel orientiert sich an Fließbach (2016), Kapitel 15.

Im Minkowski-Raum mit kartesischen Koordinaten erhöht die Ableitung eines Tensors seine Stufe um eins, doch das gilt nur in der nicht gekrümmten Raum-Zeit in einem Koordinatensystem mit konstanten Basisvektoren. (Grøn und Næss (2011),

S. 174.) Deshalb sehen wir uns jetzt an, wie man Tensoren in der gekrümmten Raum-Zeit ableitet. Die partielle Ableitung eines kovarianten Tensors erster Stufe sieht wie folgt aus:

$$\frac{\partial V'^{\alpha}}{\partial x'^{\kappa}}. \tag{2.51}$$

Wir können auf den Tensor und die partielle Ableitung die Transformationen für Tensoren, wie sie aus Abschnitt 2.4.1 bekannt sind, anwenden und erhalten:

$$V'^{\alpha} = \frac{\partial x'^{\alpha}}{\partial x^{\mu}} V^{\mu} \text{ und } \frac{\partial}{\partial x'^{\kappa}} = \frac{\partial x^{\rho}}{\partial x'^{\kappa}} \frac{\partial}{\partial x^{\rho}}. \tag{2.52}$$

Diese Transformationen können wir in Gleichung (2.51) einsetzen und erhalten:

$$
\begin{aligned}
\frac{\partial V'^{\alpha}}{\partial x'^{\kappa}} &= \frac{\partial x^{\rho}}{\partial x'^{\kappa}} \frac{\partial}{\partial x^{\rho}} \left(\frac{\partial x'^{\alpha}}{\partial x^{\mu}} V^{\mu} \right) \\
&= \frac{\partial x^{\rho}}{\partial x'^{\kappa}} \frac{\partial^2 x'^{\alpha}}{\partial x^{\rho} \partial x^{\mu}} V^{\mu} + \frac{\partial x^{\rho}}{\partial x'^{\kappa}} \frac{\partial x'^{\alpha}}{\partial x^{\mu}} \frac{\partial V^{\mu}}{\partial x^{\rho}} \\
&= \frac{\partial}{\partial x'^{\kappa}} \frac{\partial x'^{\alpha}}{\partial x^{\mu}} V^{\mu} + \frac{\partial x^{\rho}}{\partial x'^{\kappa}} \frac{\partial x'^{\alpha}}{\partial x^{\mu}} \frac{\partial V^{\mu}}{\partial x^{\rho}}.
\end{aligned} \tag{2.53}
$$

An dem Ergebnis können wir erkennen, dass die partielle Ableitung eines Tensors nicht wie ein Tensor transformiert. Wäre dies der Fall, dann würde das Ergebnis nur der rechte Term sein, wir erhalten jedoch den linken Zusatzterm.

Deshalb werden wir jetzt eine Ableitung definieren, sodass das Transformationsverhalten von Tensoren erfüllt ist. Dazu betrachten wir als Erstes das Transformationsverhalten von Christoffel-Symbolen:

$$
\begin{aligned}
\Gamma'^{\alpha}_{\kappa\lambda} &= \frac{\partial x'^{\alpha}}{\partial \xi^{\beta}} \frac{\partial^2 \xi^{\beta}}{\partial x'^{\kappa} \partial x'^{\lambda}} \\
&= \frac{\partial x'^{\alpha}}{\partial x^{\mu}} \frac{\partial x^{\mu}}{\partial \xi^{\beta}} \frac{\partial}{\partial x'^{\kappa}} \left(\frac{\partial \xi^{\beta}}{\partial x^{\sigma}} \frac{\partial x^{\sigma}}{\partial x'^{\lambda}} \right) \\
&= \frac{\partial x'^{\alpha}}{\partial x^{\mu}} \frac{\partial x^{\mu}}{\partial \xi^{\beta}} \frac{\partial x^{\rho}}{\partial x'^{\kappa}} \frac{\partial}{\partial x^{\rho}} \left(\frac{\partial \xi^{\beta}}{\partial x^{\sigma}} \frac{\partial x^{\sigma}}{\partial x'^{\lambda}} \right) \quad \text{Anwenden der Transformationen} \\
&= \frac{\partial x'^{\alpha}}{\partial x^{\mu}} \frac{\partial x^{\mu}}{\partial \xi^{\beta}} \left(\frac{\partial^2 \xi^{\beta}}{\partial x^{\rho} \partial x^{\sigma}} \frac{\partial x^{\rho}}{\partial x'^{\kappa}} \frac{\partial x^{\sigma}}{\partial x'^{\lambda}} + \frac{\partial^2 x^{\sigma}}{\partial x'^{\kappa} \partial x'^{\lambda}} \frac{\partial \xi^{\beta}}{\partial x^{\sigma}} \right) \quad \text{Produktregel}
\end{aligned}
$$

$$
\begin{aligned}
&= \frac{\partial x'^\alpha}{\partial x^\mu} \frac{\partial x^\mu}{\partial \xi^\beta} \frac{\partial^2 \xi^\beta}{\partial x^\rho \partial x^\sigma} \frac{\partial x^\rho}{\partial x'^\kappa} \frac{\partial x^\sigma}{\partial x'^\lambda} + \frac{\partial x'^\alpha}{\partial x^\mu} \frac{\partial x^\mu}{\partial \xi^\beta} \frac{\partial^2 x^\sigma}{\partial x'^\kappa \partial x'^\lambda} \frac{\partial \xi^\beta}{\partial x^\sigma} \\
&= \frac{\partial x'^\alpha}{\partial x^\mu} \frac{\partial x^\rho}{\partial x'^\kappa} \frac{\partial x^\sigma}{\partial x'^\lambda} \Gamma^\mu_{\rho\sigma} + \frac{\partial x'^\alpha}{\partial x^\mu} \frac{\partial^2 x^\mu}{\partial x'^\kappa \partial x'^\lambda}.
\end{aligned}
\tag{2.54}
$$

Im letzten Schritt wurde dabei im zweiten Term $\mu = \sigma$ gesetzt, wie wir es schon analog in Gleichung (2.26) getan hatten. Das Ergebnis zeigt, dass Christoffel-Symbole auch nicht wie Tensoren transformieren. Dies wäre der Fall, wenn nur der erste Term das Ergebnis wäre.

Im nächsten Schritt sehen wir uns die Transformation des Produktes aus Christoffel-Symbol und Tensor erster Stufe an:

$$
\begin{aligned}
\Gamma'^\alpha_{\kappa\lambda} V'^\lambda &= \frac{\partial x'^\alpha}{\partial x^\mu} \frac{\partial x^\rho}{\partial x'^\kappa} \frac{\partial x^\sigma}{\partial x'^\lambda} \Gamma^\mu_{\rho\sigma} \left(\frac{\partial x'^\lambda}{\partial x^\nu} V^\nu \right) + \frac{\partial x'^\alpha}{\partial x^\mu} \frac{\partial^2 x^\mu}{\partial x'^\kappa \partial x'^\lambda} \left(\frac{\partial x'^\lambda}{\partial x^\nu} V^\nu \right) \\
&= \frac{\partial x'^\alpha}{\partial x^\mu} \frac{\partial x'^\lambda}{\partial x^\nu} \frac{\partial x^\rho}{\partial x'^\kappa} \frac{\partial x^\sigma}{\partial x'^\lambda} \Gamma^\mu_{\rho\sigma} V^\nu + \frac{\partial x'^\alpha}{\partial x^\mu} \frac{\partial^2 x^\mu}{\partial x'^\kappa \partial x'^\lambda} \frac{\partial x'^\lambda}{\partial x^\nu} V^\nu \\
&= \frac{\partial x'^\alpha}{\partial x^\mu} \frac{\partial x^\rho}{\partial x'^\kappa} \delta^\sigma_\nu \Gamma^\mu_{\rho\sigma} V^\nu + \frac{\partial x'^\alpha}{\partial x^\mu} \frac{\partial^2 x^\mu}{\partial x'^\kappa \partial x'^\lambda} \frac{\partial x'^\lambda}{\partial x^\nu} V^\nu \\
&= \frac{\partial x'^\alpha}{\partial x^\mu} \frac{\partial x^\rho}{\partial x'^\kappa} \Gamma^\mu_{\rho\nu} V^\nu + \frac{\partial x'^\alpha}{\partial x^\mu} \frac{\partial^2 x^\mu}{\partial x'^\kappa \partial x'^\lambda} \frac{\partial x'^\lambda}{\partial x^\nu} V^\nu.
\end{aligned}
\tag{2.55}
$$

Für die weitere Rechnung brauchen wir eine kurze Zwischenüberlegung. Es ist bekannt, dass

$$
\frac{\partial}{\partial x'^\kappa} \left(\frac{\partial x^\mu}{\partial x'^\lambda} \frac{\partial x'^\alpha}{\partial x^\mu} \right) = 0 \text{ ist, da } \frac{\partial x^\mu}{\partial x'^\lambda} \frac{\partial x'^\alpha}{\partial x^\mu} = \delta^\alpha_\lambda.
\tag{2.56}
$$

Daraus folgt nun, dass

$$
\left(\frac{\partial}{\partial x'^\kappa} \frac{\partial x^\mu}{\partial x'^\lambda} \right) \frac{\partial x'^\alpha}{\partial x^\mu} = -\frac{\partial x^\mu}{\partial x'^\lambda} \left(\frac{\partial}{\partial x'^\kappa} \frac{\partial x'^\alpha}{\partial x^\mu} \right)
\tag{2.57}
$$

sein muss. Das können wir im nächsten Schritt im zweiten Term nutzen. Damit erhalten wir

$$\Gamma'^{\alpha}_{\kappa\lambda} V'^{\lambda} = \frac{\partial x'^{\alpha}}{\partial x^{\mu}} \frac{\partial x^{\rho}}{\partial x'^{\kappa}} \Gamma^{\mu}_{\rho\nu} V^{\nu} - \frac{\partial x^{\mu}}{\partial x'^{\lambda}} \frac{\partial^2 x'^{\alpha}}{\partial x'^{\kappa} \partial x^{\mu}} \frac{\partial x'^{\lambda}}{\partial x^{\nu}} V^{\nu}$$

$$= \frac{\partial x'^{\alpha}}{\partial x^{\mu}} \frac{\partial x^{\rho}}{\partial x'^{\kappa}} \Gamma^{\mu}_{\rho\nu} V^{\nu} - \frac{\partial^2 x'^{\alpha}}{\partial x'^{\kappa} \partial x^{\mu}} \delta^{\mu}_{\nu} V^{\nu}$$

$$= \frac{\partial x'^{\alpha}}{\partial x^{\mu}} \frac{\partial x^{\rho}}{\partial x'^{\kappa}} \Gamma^{\mu}_{\rho\nu} V^{\nu} - \frac{\partial^2 x'^{\alpha}}{\partial x'^{\kappa} \partial x^{\mu}} V^{\mu}. \tag{2.58}$$

Das Ergebnis dieser Rechnung können wir nun weiter verwenden. In einer letzten Überlegung betrachten wir die Transformation der partiellen Ableitung eines Tensors erster Stufe, zu dem das Produkt aus Christoffel-Symbol und diesem Tensor addiert wird:

$$\frac{\partial V'^{\alpha}}{\partial x'^{\kappa}} + \Gamma'^{\alpha}_{\kappa\lambda} V'^{\lambda} = \frac{\partial}{\partial x'^{\kappa}} \frac{\partial x'^{\alpha}}{\partial x^{\mu}} V^{\mu} + \frac{\partial x^{\rho}}{\partial x'^{\kappa}} \frac{\partial x'^{\alpha}}{\partial x^{\mu}} \frac{\partial V^{\mu}}{\partial x^{\rho}} + \frac{\partial x'^{\alpha}}{\partial x^{\mu}} \frac{\partial x^{\rho}}{\partial x'^{\kappa}} \Gamma^{\mu}_{\rho\nu} V^{\nu} - \frac{\partial^2 x'^{\alpha}}{\partial x'^{\kappa} \partial x^{\mu}} V^{\mu}$$

$$= \frac{\partial x^{\rho}}{\partial x'^{\kappa}} \frac{\partial x'^{\alpha}}{\partial x^{\mu}} \left(\frac{\partial V^{\mu}}{\partial x^{\rho}} + \Gamma^{\mu}_{\rho\nu} V^{\nu} \right). \tag{2.59}$$

Der erste und der vierte Term haben sich gegeneinander weggehoben und es wird erkennbar, dass $\frac{\partial V^{\alpha}}{\partial x^{\kappa}} + \Gamma^{\alpha}_{\kappa\lambda} V^{\lambda}$ wie ein Tensor transformiert. Deshalb definieren wir als neue allgemeine Form der Ableitung die kovariante Ableitung für kontravariante Tensoren:

$$\nabla_{\rho} V^{\mu} = \frac{\partial V^{\mu}}{\partial x^{\rho}} + \Gamma^{\mu}_{\rho\nu} V^{\nu}. \tag{2.60}$$

Analog kann man auch die kovariante Ableitung für kovariante Tensoren herleiten und erhält:

$$\nabla_{\rho} V_{\mu} = \frac{\partial V_{\mu}}{\partial x^{\rho}} - \Gamma^{\nu}_{\rho\mu} V_{\nu}. \tag{2.61}$$

Auch für Tensoren höherer Stufe kann man die kovariante Ableitung nutzen. Für Tensoren zweiter Stufe ($T^{\mu\sigma}$, $T_{\mu\sigma}$ und T^{μ}_{σ}) sieht das wie folgt aus:

$$\nabla_{\rho} T^{\mu\sigma} = \frac{\partial T^{\mu\sigma}}{\partial x^{\rho}} + \Gamma^{\mu}_{\rho\nu} T^{\nu\sigma} + \Gamma^{\sigma}_{\rho\nu} T^{\mu\nu}, \tag{2.62}$$

$$\nabla_{\rho} T_{\mu\sigma} = \frac{\partial T_{\mu\sigma}}{\partial x^{\rho}} - \Gamma^{\nu}_{\rho\mu} T_{\nu\sigma} - \Gamma^{\nu}_{\rho\sigma} T_{\mu\nu} \text{ und} \tag{2.63}$$

$$\nabla_{\rho} T^{\mu}_{\sigma} = \frac{\partial T^{\mu}_{\sigma}}{\partial x^{\rho}} + \Gamma^{\mu}_{\rho\nu} T^{\nu}_{\sigma} - \Gamma^{\nu}_{\rho\sigma} T^{\mu}_{\nu}. \tag{2.64}$$

Wir betrachten nun noch die kovariante Ableitung des metrischen Tensors und erhalten null als Ergebnis. Das kann man durch einfaches Nachrechnen zeigen:

$$
\begin{aligned}
\nabla_\rho g_{\mu\nu} &= \frac{\partial g_{\mu\nu}}{\partial x^\rho} - \Gamma^\sigma_{\rho\mu} g_{\sigma\nu} - \Gamma^\sigma_{\rho\nu} g_{\mu\sigma} \\
&= \frac{\partial g_{\mu\nu}}{\partial x^\rho} - \frac{1}{2} g^{\sigma\alpha} \left(\frac{\partial g_{\rho\alpha}}{\partial x^\mu} + \frac{\partial g_{\mu\alpha}}{\partial x^\rho} - \frac{\partial g_{\rho\mu}}{\partial x^\alpha} \right) g_{\sigma\nu} \\
&\quad - \frac{1}{2} g^{\sigma\alpha} \left(\frac{\partial g_{\rho\alpha}}{\partial x^\nu} + \frac{\partial g_{\nu\alpha}}{\partial x^\rho} - \frac{\partial g_{\rho\nu}}{\partial x^\alpha} \right) g_{\mu\sigma} \\
&= \frac{\partial g_{\mu\nu}}{\partial x^\rho} - \frac{1}{2} \delta^\alpha_\nu \left(\frac{\partial g_{\rho\nu}}{\partial x^\mu} + \frac{\partial g_{\mu\nu}}{\partial x^\rho} - \frac{\partial g_{\rho\mu}}{\partial x^\nu} \right) \\
&\quad - \frac{1}{2} \delta^\alpha_\mu \left(\frac{\partial g_{\rho\mu}}{\partial x^\nu} + \frac{\partial g_{\nu\mu}}{\partial x^\rho} - \frac{\partial g_{\rho\nu}}{\partial x^\mu} \right) \\
&= \frac{\partial g_{\mu\nu}}{\partial x^\rho} - \frac{1}{2} \left(\frac{\partial g_{\rho\nu}}{\partial x^\mu} + \frac{\partial g_{\mu\nu}}{\partial x^\rho} - \frac{\partial g_{\rho\mu}}{\partial x^\nu} \right) - \frac{1}{2} \left(\frac{\partial g_{\rho\mu}}{\partial x^\nu} + \frac{\partial g_{\nu\mu}}{\partial x^\rho} - \frac{\partial g_{\rho\nu}}{\partial x^\mu} \right) \\
&= \frac{\partial g_{\mu\nu}}{\partial x^\rho} - \frac{1}{2} \frac{\partial g_{\rho\nu}}{\partial x^\mu} - \frac{1}{2} \frac{\partial g_{\mu\nu}}{\partial x^\rho} + \frac{1}{2} \frac{\partial g_{\rho\mu}}{\partial x^\nu} - \frac{1}{2} \frac{\partial g_{\rho\mu}}{\partial x^\nu} - \frac{1}{2} \frac{\partial g_{\nu\mu}}{\partial x^\rho} + \frac{1}{2} \frac{\partial g_{\rho\nu}}{\partial x^\mu} \\
&= 0. \tag{2.65}
\end{aligned}
$$

Dabei haben wir die Gleichung (2.34) für die Christoffel-Symbole eingesetzt. Außerdem haben wir im dritten und vierten Schritt ausgenutzt, dass das Produkt eines metrischen Tensors mit seinem Inversen das Kronecker-Delta ergibt, vorausgesetzt, dass über ein Indexpaar summiert wird. Das Ergebnis war zu erwarten. Die kovariante Ableitung transformiert wie ein Tensor und deshalb gilt das auch für die Lösung der kovarianten Ableitung. Die kovariante Ableitung für den metrischen Tensor in einem lokalen Inertialsystem also in einem lokal flachen System muss null sein. Diese Lösung, die ein Skalar ist, gilt damit aufgrund der Transformationseigenschaften der kovarianten Ableitung für alle Inertialsysteme.

2.7   Die Krümmung des Raums

2.7.1   Krümmung anschaulich: Parallelverschiebung

In den vorherigen Kapiteln wurde oft von gekrümmter Raum-Zeit gesprochen. Deshalb wird nun der Begriff „Krümmung" definiert und ein Maß für den Grad der Krümmung angegeben. Dazu werden wir weiterhin den Vergleich zwischen dem flachen zweidimensionalen euklidschen Raum und der gekrümmten Oberfläche der

Einheitskugel verwenden. Dieses Unterkapitel orientiert sich dafür an Grøn und Næss (2011), Abschnitt 8.2.

Wir stellen uns zunächst eine beliebige Fläche im zweidimensionalen flachen Raum vor, in unserem Fall die dreieckige Fläche in Abbildung 2.3. Wir stellen uns einen Vektor $\vec{V}$ vor, der parallel zur Stecke $\overline{AB}$ ist und in Richtung B zeigt. Diesen Vektor verschieben wir jetzt entlang der Seiten des Dreiecks, sodass der Fußpunkt von $\vec{V}$ auf dem Rand des Dreiecks verbleibt und die Richtung des Vektors sich nicht ändert. Diese Verschiebung nennt sich Paralleltransport. Verschieben wir den Vektor $\vec{V}$ von A nach B, von B nach C und von C wieder zu A, können wir den verschobenen Vektor $\vec{V}'$ mit dem ursprünglichen Vektor $\vec{V}$ am Punkt A vergleichen. In der flachen Ebene sind die beiden Vektoren sowohl in ihrer Orientierung als auch in ihrer Größe identisch.

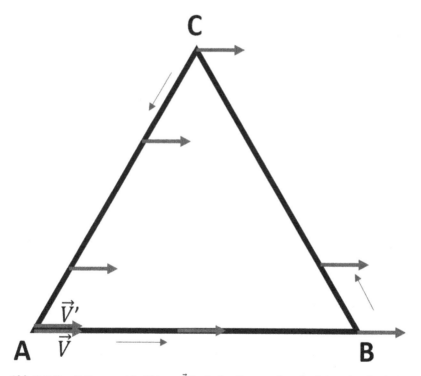

Abb. 2.3 Paralleltransport des Vektors $\vec{V}$ im flachen Raum entlang der Seiten eines Dreiecks, Abbildung nach Grøn und Næss (2011), S. 160, Fig. 8.1.

Das gleiche Vorgehen wenden wir nun auf der gekrümmten Oberfläche einer Kugel an, wie in Abbildung 2.4 zu sehen. Nach einem Umlauf unterscheidet sich der resultierende Vektor $\vec{V}'$ aber in seiner Ausrichtung vom ursprünglichen Vektor $\vec{V}$. Der Grad dieser Richtungsänderung eines Vektors beim Paralleltransport um eine geschlossene Kurve ist ein Maß für die Krümmung der Raum-Zeit, bzw. hier für die Krümmung der Oberfläche einer Kugel.

Dieses Maß für die Krümmung wird auch in den Einstein-Gleichungen verwendet und wird durch den Riemann'schen Krümmungstensor beschrieben.

2.7.2 Riemannscher Krümmungstensor, Ricci-Tensor und Krümmungsskalar

Dieses Kapitel orientiert sich an Grøn und Næss (2011), Kapitel 9, Ryder (2009), Kapitel 4 und Fließbach (2016), Kapitel 18.

Wir wollen nun ein Maß für die Krümmung des Raumes finden, das diese nicht nur qualitativ, sondern auch quantitativ beschreibt, und damit auch in den Einstein-Gleichungen Verwendung findet. Für die Herleitung betrachten wir den Paralleltransport eines Vektors $\vec{V}$ entlang der Seiten eines Parallelogramms, wie es in Abbildung 2.5 zu sehen ist. Der Vektor $\vec{V}$ wird von der Ecke A zu B zu C zu D und dann wieder zu A' verschoben.

Die Veränderung des Vektors $\vec{V}$ bei der Parallelverschiebung von A nach A' nennen wir $d\vec{V}$. Den Vektor an einem Eckpunkt nennen wir $\vec{V}_i$ mit $i = A, B, C, D, A'$. Wir schreiben dann

$$d\vec{V} = \vec{V}_A - \vec{V}_{A'}. \tag{2.66}$$

Die Verschiebung entlang des Randes des Parallelogramms können wir in Teilstücke entsprechend der Seiten des Parallelogramms aufteilen:

$$d\vec{V} = \vec{V}_A - \vec{V}_{A'} = (\vec{V}_A - \vec{V}_B) + (\vec{V}_B - \vec{V}_C) + (\vec{V}_C - \vec{V}_D) + (\vec{V}_D - \vec{V}_{A'}). \tag{2.67}$$

Wir formen die Terme für die Teilstücke nun so um, dass für alle Stücke die Verschiebung in positiver beziehungsweise gleicher x^m- bzw. x^n-Richtung vorgenommen wird und gruppieren die Teilstücke außerdem nach dem Transport in die beiden Richtungen. Danach ergibt sich für die Veränderung des Vektors:

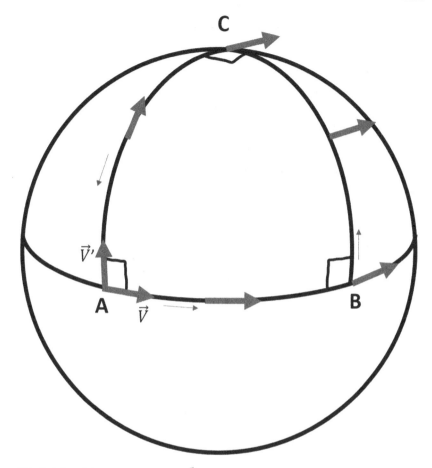

Abb. 2.4 Paralleltransport des Vektors $\vec{V}$ auf der gekrümmten Oberfläche einer Kugel entlang der Seiten eines Dreiecks, Abbildung nach Grøn und Næss (2011), S. 161, Fig. 8.2.

$$d\vec{V} = \left((\vec{V}_A - \vec{V}_B) - (\vec{V}_D - \vec{V}_C) \right) - \left((\vec{V}_{A'} - \vec{V}_D) - (\vec{V}_B - \vec{V}_C) \right). \tag{2.68}$$

Die Differenz des verschobenen Vektors für ein einzelnes Teilstück können wir umschreiben zu

$$\vec{V}_A - \vec{V}_B = \frac{\partial}{\partial x^m} \vec{V} dx^m \tag{2.69}$$

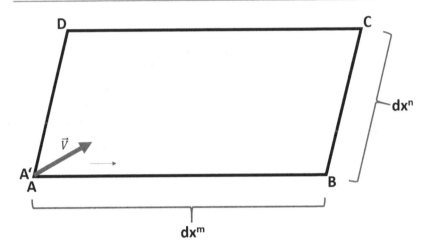

Abb. 2.5 Paralleltransport des Vektors $\vec{V}$ entlang der Seiten eines Parallelogramms, Abbildung nach Grøn und Næss (2011), Fig. 9.7.

mit $\frac{\partial}{\partial x^m}$ als die partielle Ableitung des Vektors in x^m-Richtung und dx^m als die Länge der Seite des Parallelogramms. Da wir die Formel möglichst allgemein halten möchten und deshalb auch die Möglichkeit eines gekrümmten Raums zulassen, schreiben wir statt der partiellen Ableitung die kovariante Ableitung und erhalten dann

$$\vec{V}_A - \vec{V}_B = \nabla_m \vec{V} dx^m. \tag{2.70}$$

Die Veränderung des Vektors in x^m-Richtung kann damit ausgedrückt werden durch

$$(\vec{V}_A - \vec{V}_B) - (\vec{V}_D - \vec{V}_C) = \nabla_n \nabla_m \vec{V} dx^m dx^n. \tag{2.71}$$

Die Faktoren ∇_n und dx^n kommen dadurch zustande, dass die Strecken $\overline{AB}$ und $\overline{CD}$ um dx^n zueinander verschoben sind.

Insgesamt lässt sich die Veränderung des Vektor $d\vec{V}$ bei der Parallelverschiebung entlang der Seiten des Parallelogramms also formulieren durch

$$d\vec{V} = \nabla_n \nabla_m \vec{V} dx^n dx^m - \nabla_m \nabla_n \vec{V} dx^m dx^n \qquad (2.72)$$
$$= (\nabla_n \nabla_m - \nabla_m \nabla_n)\vec{V} dx^m dx^n$$
$$= [\nabla_n, \nabla_m]\vec{V} dx^m dx^n,$$

wobei [., .] der Kommutator ist. Der Kommutator $[\nabla_n, \nabla_m]$ ist damit ein Maß für die Krümmung des Raumes, in dem sich das Parallelogramm befindet. Im flachen Raum reduzieren sich die kovarianten Ableitungen zu partiellen Ableitungen, die sich miteinander vertauschen lassen. Deshalb wird in diesem Fall der Kommutator null und damit auch die Veränderung des Vektors durch den Paralleltransport.

Der Kommutator der kovarianten Ableitungen kann also als Maß für die Krümmung des Raumes dienen. Deshalb untersuchen wir ihn weiter und berechnen $[\nabla_\nu, \nabla_\mu]V_\kappa$. Zunächst berechnen wir dafür $\nabla_\nu(\nabla_\mu V_\kappa)$ und $\nabla_\mu(\nabla_\nu V_\kappa)$ getrennt. Dabei behandeln wir die beiden Ausdrücke in den Klammern wie Tensoren zweiter Stufe und verwenden beim Rechnen die Gleichung (2.62). Damit erhalten wir

$$\nabla_\nu(\nabla_\mu V_\kappa) = \frac{\partial}{\partial x^\nu}(\nabla_\mu V_\kappa) - \Gamma^\rho_{\nu\kappa}(\nabla_\mu V_\rho) - \Gamma^\rho_{\nu\mu}(\nabla_\rho V_\kappa)$$
$$= \frac{\partial}{\partial x^\nu}\left(\frac{\partial}{\partial x^\mu}V_\kappa - \Gamma^\rho_{\mu\kappa}V_\rho\right) - \Gamma^\rho_{\nu\kappa}\left(\frac{\partial}{\partial x^\mu}V_\rho - \Gamma^\sigma_{\mu\rho}V_\sigma\right)$$
$$- \Gamma^\rho_{\nu\mu}\left(\frac{\partial}{\partial x^\rho}V_\kappa - \Gamma^\sigma_{\kappa\rho}V_\sigma\right)$$
$$= \frac{\partial}{\partial x^\nu}\frac{\partial}{\partial x^\mu}V_\kappa - \frac{\partial}{\partial x^\nu}\Gamma^\rho_{\mu\kappa}V_\rho - \Gamma^\rho_{\nu\kappa}\frac{\partial}{\partial x^\mu}V_\rho$$
$$+ \Gamma^\rho_{\nu\kappa}\Gamma^\sigma_{\mu\rho}V_\sigma - \Gamma^\rho_{\nu\mu}\frac{\partial}{\partial x^\rho}V_\kappa + \Gamma^\rho_{\nu\mu}\Gamma^\sigma_{\kappa\rho}V_\sigma \qquad (2.73)$$

und

$$\nabla_\mu(\nabla_\nu V_\kappa) = \frac{\partial}{\partial x^\mu}\frac{\partial}{\partial x^\nu}V_\kappa - \frac{\partial}{\partial x^\mu}\Gamma^\rho_{\nu\kappa}V_\rho - \Gamma^\rho_{\mu\kappa}\frac{\partial}{\partial x^\nu}V_\rho$$
$$+ \Gamma^\rho_{\mu\kappa}\Gamma^\sigma_{\nu\rho}V_\sigma - \Gamma^\rho_{\mu\nu}\frac{\partial}{\partial x^\rho}V_\kappa + \Gamma^\rho_{\mu\nu}\Gamma^\sigma_{\kappa\rho}V_\sigma, \qquad (2.74)$$

wobei sich der zweite Ausdruck durch Vertauschen der Indizes μ und ν ergibt. Nun können wir die Differenz von Gleichung (2.73) und Gleichung (2.74) bilden,

$$[\nabla_\nu, \nabla_\mu]V_\kappa = \nabla_\nu(\nabla_\mu V_\kappa) - \nabla_\mu(\nabla_\nu V_\kappa)$$

$$= \frac{\partial}{\partial x^\nu}\frac{\partial}{\partial x^\mu}V_\kappa - \frac{\partial}{\partial x^\nu}\Gamma^\rho_{\mu\kappa}V_\rho - \Gamma^\rho_{\nu\kappa}\frac{\partial}{\partial x^\mu}V_\rho + \Gamma^\rho_{\nu\kappa}\Gamma^\sigma_{\mu\rho}V_\sigma$$

$$- \Gamma^\rho_{\nu\mu}\frac{\partial}{\partial x^\rho}V_\kappa + \Gamma^\rho_{\nu\mu}\Gamma^\sigma_{\kappa\rho}V_\sigma - \frac{\partial}{\partial x^\mu}\frac{\partial}{\partial x^\nu}V_\kappa + \frac{\partial}{\partial x^\mu}\Gamma^\rho_{\nu\kappa}V_\rho$$

$$+ \Gamma^\rho_{\mu\kappa}\frac{\partial}{\partial x^\nu}V_\rho - \Gamma^\rho_{\mu\kappa}\Gamma^\sigma_{\nu\rho}V_\sigma + \Gamma^\rho_{\mu\nu}\frac{\partial}{\partial x^\rho}V_\kappa - \Gamma^\rho_{\mu\nu}\Gamma^\sigma_{\kappa\rho}V_\sigma, \quad (2.75)$$

wobei schnell deutlich wird, dass sich einige Terme wegkürzen: Der erste gegen den siebten, der fünfte gegen den elften und der sechste gegen den zwölften Term. Damit verbleibt (mit umsortierten Termen):

$$[\nabla_\nu, \nabla_\mu]V_\kappa = -\frac{\partial}{\partial x^\nu}\Gamma^\rho_{\mu\kappa}V_\rho + \Gamma^\rho_{\mu\kappa}\frac{\partial}{\partial x^\nu}V_\rho$$

$$+ \frac{\partial}{\partial x^\mu}\Gamma^\rho_{\nu\kappa}V_\rho - \Gamma^\rho_{\nu\kappa}\frac{\partial}{\partial x^\mu}V_\rho$$

$$+ \Gamma^\rho_{\nu\kappa}\Gamma^\sigma_{\mu\rho}V_\sigma - \Gamma^\rho_{\mu\kappa}\Gamma^\sigma_{\nu\rho}V_\sigma. \quad (2.76)$$

Die Terme eins und drei lassen sich mit der Produktregel umschreiben, sodass weitere Terme wegfallen:

$$[\nabla_\nu, \nabla_\mu]V_\kappa = -V_\rho\frac{\partial}{\partial x^\nu}\Gamma^\rho_{\mu\kappa} - \Gamma^\rho_{\mu\kappa}\frac{\partial}{\partial x^\nu}V_\rho + \Gamma^\rho_{\mu\kappa}\frac{\partial}{\partial x^\nu}V_\rho$$

$$+ V_\rho\frac{\partial}{\partial x^\mu}\Gamma^\rho_{\nu\kappa} + \Gamma^\rho_{\nu\kappa}\frac{\partial}{\partial x^\mu}V_\rho - \Gamma^\rho_{\nu\kappa}\frac{\partial}{\partial x^\mu}V_\rho$$

$$+ \Gamma^\rho_{\nu\kappa}\Gamma^\sigma_{\mu\rho}V_\sigma - \Gamma^\rho_{\mu\kappa}\Gamma^\sigma_{\nu\rho}V_\sigma$$

$$= \left(-\frac{\partial}{\partial x^\nu}\Gamma^\rho_{\mu\kappa} + \frac{\partial}{\partial x^\mu}\Gamma^\rho_{\nu\kappa}\right)V_\rho + \left(\Gamma^\rho_{\nu\kappa}\Gamma^\sigma_{\mu\rho} - \Gamma^\rho_{\mu\kappa}\Gamma^\sigma_{\nu\rho}\right)V_\sigma. \quad (2.77)$$

Als letzter Schritt müssen nun noch im rechten Term der Gleichung (2.77) die Indizes ρ und σ vertauscht werden, was möglich ist, da es sich um stumme Indizes handelt. Damit können wir dann V_ρ ausklammern und es ergibt sich:

$$[\nabla_\nu, \nabla_\mu]V_\kappa = \left(-\frac{\partial}{\partial x^\nu}\Gamma^\rho_{\mu\kappa} + \frac{\partial}{\partial x^\mu}\Gamma^\rho_{\nu\kappa} + \Gamma^\sigma_{\nu\kappa}\Gamma^\rho_{\mu\sigma} - \Gamma^\sigma_{\mu\kappa}\Gamma^\rho_{\nu\sigma}\right)V_\rho. \quad (2.78)$$

Mit dem Ergebnis können wir den Krümmungstensor $R^{\rho}{}_{\kappa\mu\nu}$, auch Riemann'scher[19] Krümmungstensor genannt, definieren, der ab jetzt als Maß für die Krümmung des Raumes bzw. für die Krümmung der Raum-Zeit verwendet werden kann:

$$R^{\rho}{}_{\kappa\mu\nu} = -\frac{\partial}{\partial x^{\nu}}\Gamma^{\rho}_{\mu\kappa} + \frac{\partial}{\partial x^{\mu}}\Gamma^{\rho}_{\nu\kappa} + \Gamma^{\sigma}_{\nu\kappa}\Gamma^{\rho}_{\mu\sigma} - \Gamma^{\sigma}_{\mu\kappa}\Gamma^{\rho}_{\nu\sigma}. \qquad (2.79)$$

Dabei ist zu beachten, dass der Krümmungstensor im zweiten und dritten kovarianten Index antisymmetrisch ist:

$$R^{\rho}{}_{\kappa\mu\nu} = -R^{\rho}{}_{\kappa\nu\mu}. \qquad (2.80)$$

Wir können jetzt für unsere Beispiele, also für Polarkoordinaten im flachen euklidischen Raum und für die Oberfläche der Einheitskugel, den Krümmungstensor berechnen. (Die kartesischen Koordinaten im euklidischen Raum betrachten wir hier nicht mehr, da alle Christoffel-Symbole null sind und damit zwangsläufig auch der Krümmungstensor null sein muss.) Dazu greifen wir auf die schon berechneten Christoffel-Symbole zurück und betrachten, um die Rechnung zu verkürzen, nur die Christoffel-Symbole, die nicht null sind. Die Rechnungen dafür finden sich im Anhang in Kapitel A.1.1 im elektronischen Zusatzmaterial. Als Ergebnis für das Beispiel mit den Polarkoordinaten erhalten wir, dass alle Komponenten des Krümmungstensors null sind. Das ist das erwartete Ergebnis, da wir uns im flachen Raum befinden. Für die Oberfläche einer Kugel ist das nicht der Fall. Hier erhalten wir:

$$R^{1}{}_{212} = 1, \; R^{1}{}_{221} = -1, \; R^{2}{}_{112} = -\sin(\theta)^2 \; \text{und} \; R^{2}{}_{121} = \sin(\theta)^2 \qquad (2.81)$$

und für alle weiteren Komponenten null. Auch dass der Krümmungstensor hier nicht null wird, entspricht den Erwartungen an einen gekrümmten Raum, hier die Oberfläche einer Kugel.

Aus dem Krümmungstensor kann durch Kontraktion von Indizes der Ricci-Tensor

$$R_{\mu\nu} = R^{\lambda}{}_{\mu\lambda\nu} = -\frac{\partial}{\partial x^{\nu}}\Gamma^{\lambda}_{\lambda\mu} + \frac{\partial}{\partial x^{\lambda}}\Gamma^{\lambda}_{\nu\mu} + \Gamma^{\sigma}_{\nu\mu}\Gamma^{\lambda}_{\lambda\sigma} - \Gamma^{\sigma}_{\lambda\mu}\Gamma^{\lambda}_{\nu\sigma} \qquad (2.82)$$

gebildet werden. Der Ricci-Tensor ist symmetrisch, das heißt $R_{\mu\nu} = R_{\nu\mu}$.[20] Durch eine weitere Kontraktion kann dann aus dem Ricci-Tensor und dem metrischen

---

[19] Georg Friedrich Bernhard Riemann, deutscher Mathematiker, 1826–1866.
[20] Eine Erklärung dafür findet sich bei Grøn und Næss (2011), Abschnitt 11.2.

Tensor der Krümmungsskalar $R = g^{\mu\nu}R_{\mu\nu}$ gebildet werden. Ricci-Tensor und Krümmungsskalar treten in den Einstein-Gleichungen (2.5) auf.

2.8 Energie-Impuls-Tensor

Mit dem Ricci-Tensor und dem Krümmungsskalar ist nun die linke Seite der Einstein-Gleichungen vollständig beschrieben. In diesem Kapitel wird nun die rechte Seite der Gleichungen näher betrachtet. Dabei orientiert sich das Kapitel an Ryder (2009), Kapitel 5 und Scheck (2017), Abschnitt 6.2.

Wie schon in Abschnitt 2.3 erwähnt wurde, stellt der Energie-Impuls-Tensor $T_{\mu\nu}$ die wichtigste Komponente der rechten Seite der Einstein-Gleichungen dar. Er beschreibt die Quelle der Krümmung der Raumzeit. Als Quelle wirken nicht nur die Masse, sondern auch Energie und Impuls mitsamt deren Strömungsverhalten in der betrachteten Raum-Zeit. Aufgrund der Äquivalenz von Energie und Masse ($E = mc^2$) wird mit dem Begriff Energie-Impuls-Tensor auch die Masse mit beschrieben, genau so, wie die zugehörige kinetische Energie.

Für die Energie und den Impuls gelten Erhaltungssätze: In einem geschlossenen System bleiben die Gesamtenergie E und der Gesamtimpuls für jede Raumrichtung $p_{x^1}, p_{x^2}, p_{x^3}$ konstant und damit erhalten. Außerdem kann die Energie oder der Impuls nicht von einem Ort des Systems zu einem anderen sprunghaft übertragen werden, das heißt Energie kann nicht einfach verschwinden und an anderer Stelle im System wieder auftauchen. Stattdessen kann man sich eine Art Energiefluss von einem Ort zum anderen vorstellen. Es bestehen also Kontinuitätsgleichungen für Energie und Impuls.

Die Erhaltungssätze und Kontinuitätsgleichungen für die Energie und die Komponenten des Impulses bilden die Komponenten des Energie-Impuls-Tensors. Dabei beschreiben die Spalten der Matrix T^{i0} die Energie und T^{i1}, T^{i2}, T^{i3} die Komponenten des Impulses. T^{i0} besteht aus vier Komponenten. Dabei beschreibt T^{00} die Energiedichte und T^{10}, T^{20}, T^{30} beschreiben den Energiefluss oder Energiestrom. Analog beschreiben die anderen Spalten des Energie-Impuls-Tensors T^{i1}, T^{i2}, T^{i3} die Dichte des Impulses sowie den Fluss oder Strom des Impulses in x^1, x^2- und x^3-Richtung. Das ist in Abbildung 2.6 dargestellt.

Die Erhaltung von Energie und Impuls können wir dann zusammenfassend beschreiben durch

$$\frac{\partial T^{\mu\nu}}{\partial x^{\nu}} = 0. \tag{2.83}$$

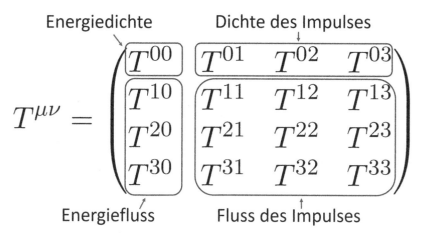

Abb. 2.6 Der Energie-Impuls-Tensor mit seinen Komponenten.

Damit die Gleichung für alle Koordinatensysteme gilt, ersetzen wir die partielle durch die kovariante Ableitung und erhalten:

$$\nabla_\nu T^{\mu\nu} = 0. \tag{2.84}$$

Die kovariante Version des Energie-Impuls-Tensors erhält man, wenn man ihn mit dem metrischen Tensor multipliziert:

$$T_{\alpha\beta} = g_{\alpha\mu} g_{\beta\nu} T^{\mu\nu}. \tag{2.85}$$

Diese Beschreibung des Energie-Impuls-Tensors ist eher allgemein gehalten, deshalb werden wir uns im Folgenden den Energie-Impuls-Tensor für einen konkreten Fall ansehen. Dafür betrachten wir Staub. Dieser besteht aus einzelnen Staubpartikeln, die nicht miteinander wechselwirken und sich nicht relativ zueinander bewegen. So verbleibt für die Betrachtung nur die Massendichte ρ_0 der Staubpartikel. Diese wird in einem lokalen Ruhesystem durch die Energiedichte $\rho_0 c^2$ beschrieben. In einem Bezugssystem, das sich relativ zu der betrachteten Staubwolke mit der Geschwindigkeit $\vec{v}$ bewegt, wird die Massendichte zu $\rho = \rho_0 \gamma^2$. Dabei entspringen die beiden Faktoren γ aus der Speziellen Relativitätstheorie, genauer aus der Längenkontraktion des Referenzvolumens und der Massenzunahme. Für die Energiedichte des Energie-Impuls-Tensors T^{00} ergibt sich also $T^{00} = \rho_0 \gamma^2 c^2$. Im Allgemeinen wählt man dann für den Energie-Impuls-Tensor den Ansatz

$$T^{\mu\nu} = \rho_0 u^\mu u^\nu, \tag{2.86}$$

wobei u der Vierervektor der Geschwindigkeit ist:

$$u = \begin{pmatrix} \gamma c \\ \gamma v_x \\ \gamma v_y \\ \gamma v_z \end{pmatrix}. \tag{2.87}$$

Damit lassen sich nun die Komponenten des Energie-Impuls-Tensors bestimmen:

$$T^{\mu\nu} = \rho \begin{pmatrix} c^2 & c v_x & c v_y & c v_z \\ v_x c & (v_x)^2 & v_x v_y & v_x v_z \\ v_y c & v_y v_x & (v_y)^2 & v_y v_z \\ v_z c & v_z v_x & v_z v_y & (v_z)^2 \end{pmatrix}. \tag{2.88}$$

Dabei kann man deutlich die Symmetrieeigenschaften des Energie-Impuls-Tensors erkennen. Das heißt, dass die Energiestromdichte in x-Richtung, cT^{10}, bis auf einen Faktor c^2 gleich der Impulsdichte in x-Richtung, $\frac{1}{c}T^{01}$, ist. Dabei liegt die Interpretation nahe, dass für die Änderung der Energiedichte immer ein Impuls notwendig ist. Der Tensor genügt außerdem den Regeln für die Erhaltung von Energie und Impuls. Um das zu überprüfen, berechnen wir die Gleichung (2.84) für $\mu = 0$. Da wir annehmen können, dass wir uns aufgrund der geringen Masse der Staubpartikel im flachen Raum befinden, verwenden wir dabei partielle Ableitungen statt der kovarianten Ableitung. Es gilt also:

$$\begin{aligned} \frac{\partial T^{0\nu}}{\partial x^\nu} &= \frac{\partial T^{00}}{\partial x^0} + \frac{\partial T^{01}}{\partial x^1} + \frac{\partial T^{02}}{\partial x^2} + \frac{\partial T^{03}}{\partial x^3} \\ &= c\frac{\partial}{\partial t}\rho + \rho\left(\frac{\partial}{\partial x}v_x + \frac{\partial}{\partial y}v_y + \frac{\partial}{\partial z}v_z\right) \\ &= 0. \end{aligned} \tag{2.89}$$

Im letzten Schritt wurden die Voraussetzungen verwendet, dass zum einen die Dichte der Staubwolke konstant bleibt und zum anderen keine äußeren Kräfte auf sie einwirken, weshalb auch die Geschwindigkeitskomponenten der Staubpartikel konstant bleiben.

2.9   Zusammensetzung der Einstein-Gleichungen

Mit dem Energie-Impuls-Tensor in Abschnitt 2.8 wurden nun alle Komponenten der Einstein-Gleichungen (2.5) vorgestellt. In diesem Kapitel wird deshalb auf die Zusammensetzung der Komponenten in den Einstein-Gleichungen genauer eingegangen. Dabei wird sich an Grøn und Næss (2011), Kapitel 11, an Poltermann (2017), Abschnitt 5.5 und an Ryder (2009), Abschnitt 5.2.3 orientiert.

Die Einstein-Gleichungen sollen den Zusammenhang zwischen der gekrümmten Raum-Zeit und der Massenverteilung bzw. der Energieverteilung in der Raum-Zeit beschreiben. Deshalb liegt es nahe, als ersten Ansatz eine Proportionalität zwischen dem Riemann'schen Krümmungstensor und dem Energie-Impuls-Tensor anzunehmen:

$$R^{\rho}{}_{\mu\alpha\nu} \overset{?}{=} kT_{\mu\nu}, \tag{2.90}$$

mit k als Proportionalitätskonstante. Dass diese Gleichung nicht stimmen kann, ist schnell ersichtlich, da auf der linken Seite der Gleichung mit dem Krümmungstensor ein Tensor vierter Stufe steht und auf der rechten Seite mit dem Energie-Impuls-Tensor ein Tensor zweiter Stufe. Wir müssen deshalb einen anderen Tensor finden, der die Krümmung der Raum-Zeit beschreibt und wie der Energie-Impuls-Tensor ein symmetrischer Tensor zweiter Stufe ist, um damit den Krümmungstensor in der obigen Gleichung zu ersetzen. Man könnte auch den Energie-Impuls-Tensor mit einem passenden Tensor vierter Stufe ersetzen, doch das würde physikalisch keinen Sinn ergeben, da mit dem Energie-Impuls-Tensor alle kinematischen und dynamischen Eigenschaften von Masse vollständig beschrieben sind.

Es ist möglich, aus einem Tensor vierter Stufe einen Tensor zweiter Stufe zu erhalten, indem man zwei der vier Indizes kontrahiert. So erhalten wir aus dem Krümmungstensor den Ricci-Tensor:

$$R^{\alpha}{}_{\mu\alpha\nu} = R_{\mu\nu}. \tag{2.91}$$

Der Ricci-Tensor ist ein symmetrischer Tensor der Stufe zwei, und erfüllt daher die Anforderungen. (Eine genauere Erklärung für die Wahl der kontrahierten Indizes kann man nachlesen in Grøn und Næss (2011), Abschnitt 11.2.)

Der Ricci-Tensor scheint auch deshalb für die Einstein-Gleichungen geeignet, da er erste und zweite Ableitungen des metrischen Tensors beinhaltet, wie es in Abschnitt 2.3 für den Einstein-Tensor, also die linke Seite der Einstein-Gleichungen, gefordert wird. Ein neuer Ansatz für die Einstein-Gleichungen könnte also lauten:

$$R_{\mu\nu} \overset{?}{=} kT_{\mu\nu}. \tag{2.92}$$

Wir wissen aus Abschnitt 2.8, dass die kovariante Ableitung des Energie-Impuls-Tensors gleich null sein muss, um der Energie- und der Impuls-Erhaltung zu genügen. Wenn aber die rechte Seite der Gleichung null ist, muss dasselbe auch für die linke gelten. Allerdings gilt für die kovariante Ableitung des Ricci-Tensors

$$\nabla_\rho R_{\mu\nu} = \frac{1}{2} g_{\mu\nu} \frac{\partial}{\partial x^\rho} R \tag{2.93}$$

mit R als Krümmungsskalar. Diese Gleichung können wir nun umformen. Da R ein Skalar ist, ist die partielle Ableitung von R gleich der kovarianten Ableitung und wir können schreiben:

$$\nabla_\rho R_{\mu\nu} = \frac{1}{2} g_{\mu\nu} \nabla_\rho R. \tag{2.94}$$

Außerdem können wir uns zu Nutze machen, dass die kovariante Ableitung des metrischen Tensors null ist, wie in Gleichung (2.65) zu sehen. Unter Beachtung der Produktregel für Ableitungen erhalten wir dann:

$$\nabla_\rho R_{\mu\nu} = \frac{1}{2} \nabla_\rho (g_{\mu\nu} R). \tag{2.95}$$

Wenn wir nun alles auf eine Seite der Gleichung bringen, erhalten wir einen Tensor zweiter Stufe, dessen kovariante Ableitung gleich null ist. Dieser Tensor wird auch Einstein-Tensor genannt und ist der Tensor, der in den Einstein-Gleichungen in Abschnitt 2.3 verwendet wird:

$$\nabla_\rho \left(R_{\mu\nu} - \frac{1}{2} g_{\mu\nu} R \right) = \nabla_\rho G_{\mu\nu} = 0. \tag{2.96}$$

Wir erhalten damit für die Einstein-Gleichungen

$$R_{\mu\nu} - \frac{1}{2} g_{\mu\nu} R = kT_{\mu\nu}. \tag{2.97}$$

Um schließlich auf die Form der Einstein-Gleichungen in Gleichung (2.5) zu kommen, müssen wir noch in einem letzten Schritt den Faktor k genauer bestimmen. Der Faktor wird dadurch bestimmt, dass sich die Einstein-Gleichungen für den nicht-relativistischen Grenzfall auf die Feldgleichung der Newton'schen Gravitationstheorie, Gleichung (2.4), zurückführen lassen müssen. Wir sehen uns also, wie beim Newton'schen Grenzfall in Abschnitt 2.5.3, ein schwaches, statisches Feld an, in dem sich die Teilchen mit geringen Geschwindigkeiten bewegen, ähnlich dem Beispiel mit Staub in Abschnitt 2.8.

Um den Faktor k zu bestimmen, schreiben wir zunächst die Gleichung (2.97) so um, dass wir den Ricci-Tensor isoliert auf einer Seite stehen haben. Dafür multiplizieren wir die Gleichung mit $g^{\mu\nu}$:

$$g^{\mu\nu}R_{\mu\nu} - \frac{1}{2}g^{\mu\nu}g_{\mu\nu}R = kg^{\mu\nu}T_{\mu\nu} \qquad \Leftrightarrow$$

$$R - \frac{1}{2}4R = kT \qquad \Leftrightarrow$$

$$R = -kT. \qquad (2.98)$$

Dabei haben wir genutzt, dass $g^{\mu\nu}R_{\mu\nu} = R$, $g^{\mu\nu}g_{\mu\nu} = 4$ und $g^{\mu\nu}T_{\mu\nu} = T$ ist. Den Ausdruck für R können wir nun in die Gleichung (2.97) einsetzen und erhalten

$$R_{\mu\nu} = k\left(T_{\mu\nu} - \frac{1}{2}g_{\mu\nu}T\right). \qquad (2.99)$$

Im Weiteren werden wir nun die Terme auf beiden Seiten dieser Gleichung für den Newton'schen Grenzfall bestimmen. Dazu beginnen wir mit der rechten Seite.

Für kleine Geschwindigkeiten ist der einzige nicht zu vernachlässigende Beitrag des Energie-Impuls-Tensors die Energiedichte $T^{00} = c^2\rho$. Außerdem machen wir für $g_{\mu\nu}$ bzw. für $g^{\mu\nu}$ die gleiche Näherung wie in Abschnitt 2.5.3. Damit gilt dann

$$g^{\mu\kappa}g_{\kappa\nu} = (\eta^{\mu\kappa} - h^{\mu\kappa})(\eta_{\kappa\nu} + h_{\kappa\nu}) = \delta^\mu_\nu - h^\mu_\nu + h^\mu_\nu + O(h^2) = \delta^\mu_\nu, \quad (2.100)$$

da $|h_{\mu\nu}| \ll 1$ gewählt wurde. Damit können wir nun die rechte Seite der Gleichung bestimmen. Es gilt

$$\begin{aligned} T &= g_{\mu\nu}T^{\mu\nu} \\ &= (\eta_{\mu\nu} + h_{\mu\nu})T^{\mu\nu} \\ &= T^{00} + h_{00}T^{00} \end{aligned} \qquad (2.101)$$

und wir erhalten

$$T^{\mu\nu} - \frac{1}{2}g^{\mu\nu}T = T^{\mu\nu} - \frac{1}{2}(\eta^{\mu\nu} - h^{\mu\nu})(T^{00} + h_{00})T^{00})$$

$$\approx T^{\mu\nu} - \frac{1}{2}\eta^{\mu\nu}T^{00}$$

$$= (\rho c^2 - \frac{1}{2}\rho c^2)\delta^{\mu\nu}$$

$$= \frac{1}{2}\rho c^2 \delta^{\mu\nu}. \tag{2.102}$$

Da $g_{\mu\nu} \approx \eta_{\mu\nu}$ ist, gilt auch

$$T_{\mu\nu} - \frac{1}{2}g_{\mu\nu}T \approx \frac{1}{2}\rho c^2 \delta_{\mu\nu}. \tag{2.103}$$

Als Nächstes berechnen wir die linke Seite der Gleichung, das heißt, wir bestimmen $R_{\mu\nu}$. Dafür gilt:

$$R_{\mu\nu} = \frac{\partial}{\partial x^\kappa}\Gamma^\kappa_{\mu\nu} - \frac{\partial}{\partial x^\nu}\Gamma^\kappa_{\mu\kappa} + \Gamma^\kappa_{\rho\kappa}\Gamma^\rho_{\mu\nu} - \Gamma^\kappa_{\rho\nu}\Gamma^\rho_{\mu\kappa}. \tag{2.104}$$

Die Christoffel-Symbole für den Newton'schen Grenzfall haben wir bereits in Abschnitt 2.5.3 bestimmt:

$$\Gamma^\kappa_{\mu\nu} \approx \frac{1}{2}\eta^{\kappa\sigma}\left(\frac{\partial h_{\sigma\mu}}{\partial x^\nu} + \frac{\partial h_{\sigma\nu}}{\partial x^\mu} - \frac{\partial h_{\mu\nu}}{\partial x^\sigma}\right). \tag{2.105}$$

Diese Christoffel-Symbole können wir nun in die Gleichung für den Ricci-Tensor einsetzen, wobei wir nur die ersten beiden Terme in der Gleichung für den Ricci-Tensor beachten, da die letzten beiden Terme die Ordnung $O(h^2)$ haben und damit vernachlässigt werden können. Durch das Einsetzen erhalten wir:

$$R_{\mu\nu} = \frac{\partial}{\partial x^\kappa}\left(\frac{1}{2}\eta^{\kappa\sigma}\left(\frac{\partial h_{\sigma\mu}}{\partial x^\nu} + \frac{\partial h_{\sigma\nu}}{\partial x^\mu} - \frac{\partial h_{\mu\nu}}{\partial x^\sigma}\right)\right)$$

$$- \frac{\partial}{\partial x^\nu}\left(\frac{1}{2}\eta^{\kappa\sigma}\left(\frac{\partial h_{\sigma\mu}}{\partial x^\kappa} + \frac{\partial h_{\sigma\kappa}}{\partial x^\mu} - \frac{\partial h_{\mu\kappa}}{\partial x^\sigma}\right)\right) + O(h^2)$$

$$= \frac{1}{2}\eta^{\kappa\sigma}\left(\frac{\partial}{\partial x^\kappa}\frac{\partial h_{\sigma\mu}}{\partial x^\nu} + \frac{\partial}{\partial x^\kappa}\frac{\partial h_{\sigma\nu}}{\partial x^\mu} - \frac{\partial}{\partial x^\kappa}\frac{\partial h_{\mu\nu}}{\partial x^\sigma} - \frac{\partial}{\partial x^\nu}\frac{\partial h_{\sigma\mu}}{\partial x^\kappa} - \frac{\partial}{\partial x^\nu}\frac{\partial h_{\sigma\kappa}}{\partial x^\mu} + \frac{\partial}{\partial x^\nu}\frac{\partial h_{\mu\kappa}}{\partial x^\sigma}\right)$$

$$= \frac{1}{2}\eta^{\kappa\sigma}\left(\frac{\partial}{\partial x^\kappa}\frac{\partial h_{\sigma\nu}}{\partial x^\mu} - \frac{\partial}{\partial x^\kappa}\frac{\partial h_{\mu\nu}}{\partial x^\sigma} - \frac{\partial}{\partial x^\nu}\frac{\partial h_{\sigma\kappa}}{\partial x^\mu} + \frac{\partial}{\partial x^\nu}\frac{\partial h_{\mu\kappa}}{\partial x^\sigma}\right). \tag{2.106}$$

Bei der Berechnung haben wir im zweiten Schritt die Produktregel für Ableitungen angewendet.

Da wir den Newton'schen Grenzfall betrachten und auf beiden Seiten der Tensorgleichung die gleichen Indizes stehen sollen, betrachten wir nun R_{00}. Hierbei gilt außerdem, dass Ableitungen des metrischen Tensors nach der Zeit gleich null sind. Denn mit dem Newton'schen Grenzfall wird ein statischer Fall betrachtet:

$$
\begin{aligned}
R_{00} &= \frac{1}{2}\eta^{\kappa\sigma}\left(\frac{\partial}{\partial x^\kappa}\frac{\partial h_{\sigma 0}}{\partial x^0} - \frac{\partial}{\partial x^\kappa}\frac{\partial h_{00}}{\partial x^\sigma} - \frac{\partial}{\partial x^0}\frac{\partial h_{\sigma\kappa}}{\partial x^0} + \frac{\partial}{\partial x^0}\frac{\partial h_{0\kappa}}{\partial x^\sigma}\right) \\
&= \frac{1}{2}\eta^{\kappa\sigma}\left(-\frac{\partial}{\partial x^\kappa}\frac{\partial h_{00}}{\partial x^\sigma}\right) \\
&= \frac{1}{2}\Delta h_{00} \\
&= \frac{1}{c^2}\Delta\Phi
\end{aligned}
\tag{2.107}
$$

mit $h_{00} = \frac{2\Phi}{c^2}$ wie aus Abschnitt 2.5.3 bekannt. Wir haben im dritten Schritt die Indizes κ und σ gleichgesetzt. Das hatte zur Folge, dass wir den Minkwoski-Tensor mit -1 ersetzen konnten, denn für $\kappa = \sigma = 0$ wird in der Klammer nach der Zeit abgeleitet und der Ausdruck in der Klammer fällt weg.

Nun sind beide Seiten der Gleichung (2.99) für den Newton'schen Grenzfall bestimmt worden und können eingesetzt werden. Dadurch erhalten wir folgende Gleichung:

$$
\begin{aligned}
R_{\mu\nu} &= k\left(T_{\mu\nu} - \frac{1}{2}g_{\mu\nu}T\right), \\
\frac{1}{c^2}\Delta\Phi &= \frac{1}{2}\rho c^2 \Leftrightarrow \\
\Delta\Phi &= k\frac{c^4}{2}\rho.
\end{aligned}
\tag{2.108}
$$

Das Ergebnis können wir nun mit der Feldgleichung der Newton'schen Gravitationstheorie (2.4) ($\Delta\Phi = 4\pi G\rho$) vergleichen, wodurch man erkennen kann, dass sich die Einstein'schen Feldgleichungen für

$$
k = \frac{8\pi G}{c^4}
\tag{2.109}
$$

auf den Newton'schen Grenzfall zurückführen lassen.

Damit ist k bestimmt und wir können die Einstein'schen Feldgleichungen wie in Abschnitt 2.3 schreiben:

$$R_{\mu\nu} - \frac{1}{2} g_{\mu\nu} R = \frac{8\pi G}{c^4} T_{\mu\nu}. \tag{2.110}$$

2.10 Schwarzschild-Lösung

2.10.1 Lösung der Vakuum-Feldgleichungen

Dieses Kapitel orientiert sich an Fließbach (2016), Kapitel 23 und 24.

Wie in Abschnitt 2.3 erwähnt, wurden die Einstein-Gleichungen von Schwarzschild zum ersten Mal für das Feld außerhalb einer sphärischen symmetrischen Masse im leeren Raum gelöst. Deshalb wird diese Lösung auch Schwarzschild-Lösung genannt. Der Lösungsweg soll im Folgenden nachvollzogen werden. Die Lösung ist für uns relevant, weil sie auch auf statische schwarze Löcher bezogen werden kann.

Wir gehen also von einer statischen, sphärischen und begrenzten Massenverteilung aus, das heißt für die Massenverteilung gilt:

$$\rho(r) \begin{cases} \neq 0 \text{ für } r \leq r_0 \\ = 0 \text{ für } r > r_0. \end{cases} \tag{2.111}$$

Da wir einen statischen Fall annehmen, ist die mittlere Geschwindigkeit in der Massenverteilung konstant. Damit ist der Quellterm der Einstein'schen Feldgleichungen, also der Energie-Impuls Tensor, zeitunabhängig und sphärisch. Außerhalb der Massenverteilung muss für die Lösung der Einstein-Gleichungen gelten:

$$R_{\mu\nu} = 0 \text{ für } r > r_0. \tag{2.112}$$

Das ergibt sich, wenn man annimmt, dass der Energie-Impuls-Tensor außerhalb der Massenverteilung verschwindet und man diese Annahme in Gleichung (2.99) einsetzt. Die Quellterme kommen nun nicht mehr explizit vor, sind aber Voraussetzung für den Lösungsansatz.

Um die Einstein-Gleichungen nun zu lösen, die Differentialgleichungen des metrischen Tensors sind, brauchen wir den passenden metrischen Tensor. Wir betrachten ein kugelsymmetrisches Problem, deshalb werden wir bei der Bestimmung des metrischen Tensors einen kugelsymmetrischen Ansatz, also Kugelkoordinaten, wählen. Das heißt wir wählen statt (x^0, x^1, x^2, x^3) die Koordinaten

(t, r, θ, ϕ). Wir wissen weiterhin, dass für einen sehr großen Abstand zur Massenverteilung ($r \to \infty$) das Newton'sche Gravitationspotential Φ verschwindet. Es gilt also:

$$\Phi = -\frac{GM}{r} \to 0 \text{ für } r \to \infty. \tag{2.113}$$

Im großen Abstand zu der statischen Massenverteilung, muss sich unsere Lösung der Einstein-Gleichungen auf gleiche Weise verhalten, da dies ein entsprechender Newton'scher Grenzfall ist. Daraus können wir folgern, dass unsere Lösung für $r \to \infty$ der Minkowski-Metrik entspricht. Bei der Bestimmung des metrischen Tensors bietet es sich an, ein Wegelement ds^2 zu betrachten, wie wir es schon in Abschnitt 2.4.2 getan haben. Deshalb wählen wir den Ansatz

$$ds^2 = B(r)c^2dt^2 - A(r)dr^2 - C(r)r^2(d\theta^2 + \sin^2(\theta)d\phi^2), \tag{2.114}$$

der sich für $r \to \infty$ reduziert zu

$$ds^2 = c^2dt^2 - dr^2 - r^2(d\theta^2 + \sin^2(\theta)d\phi^2), \tag{2.115}$$

was ein Wegelement entsprechend der Minkowski-Metrik ist. Der Ansatz lässt in der Nähe der Massenverteilung leichte Abweichungen von der Minkowski-Metrik zu. Da wir einen isotropen und zeitunabhängigen Fall betrachten, sind die Koeffizienten $A(r)$, $B(r)$ und $C(r)$ nur von r abhängig. Aus der Isotropie, also aus der Symmetrie des Falls, können wir weiterhin folgern, dass bei zwei Punkten (t, r, θ, ϕ) und $(t, r, \theta \pm d\theta, \phi)$ der Abstand zueinander nicht von dem Vorzeichen von $\pm d\theta$ abhängen darf. Deshalb darf es nur quadratische und keine linearen Terme in $d\theta$ geben. Gleiches gilt für den Abstand zweier Punkte (t, r, θ, ϕ) und $(t, r, \theta, \phi \pm d\phi)$, weshalb es auch keine linearen Terme in $d\phi$ geben darf. Die Freiheit der Koordinatenwahl erlaubt uns eine neue Radiusvariable einzuführen um $C(r) = 1$ zu erhalten. Das können wir in Gleichung (2.114) einsetzen und bekommen die sogenannte Standardform:

$$ds^2 = B(r)c^2dt^2 - A(r)dr^2 - r^2(d\theta^2 + \sin^2(\theta)d\phi^2). \tag{2.116}$$

Aus diesem Wegelement können wir nun einen Ansatz für den metrischen Tensor entnehmen. Mit diesem können wir die Christoffel-Symbole und deren Ableitungen bestimmen. Im nächsten Schritt werden wir dann die Komponenten des Ricci-Tensors berechnen, um so die Differentialgleichungen für $A(r)$ und $B(r)$ aufzustellen. Diese können wir dann unter Zuhilfenahme des Newton'schen Grenzfalls lösen und mit den Lösungen den metrischen Tensor eindeutig bestimmen.

Metrischer Tensor
Aus der Standardform können wir den metrischen Tensor ablesen und erhalten

$$g_{\mu\nu} = \text{diag}(B(r)c^2, -A(r), -r^2, -r^2\sin^2(\theta)) \tag{2.117}$$

und für die kontravariante Form

$$g^{\mu\nu} = \text{diag}\left(\frac{1}{B(r)c^2}, -\frac{1}{A(r)}, -\frac{1}{r^2}, -\frac{1}{r^2\sin^2(\theta)}\right). \tag{2.118}$$

Christoffel-Symbole
Mit bekanntem metrischen Tensor können nun die Christoffelsymbole berechnet werden. Dabei wird Gleichung (2.34) verwendet. Im Folgenden werde ich ein Christoffel-Symbol Γ^0_{10} beispielhaft berechnen und dann die weiteren Ergebnisse nennen. Diese sind auch bei Fließbach (2016), S. 134 nachzulesen:

$$\begin{aligned}
\Gamma^0_{10} &= \frac{1}{2}g^{00}\left(\frac{\partial g_{01}}{\partial x^0} + \frac{\partial g_{00}}{\partial x^1} - \frac{\partial g_{10}}{\partial x^0}\right) + \frac{1}{2}g^{10}\left(\frac{\partial g_{11}}{\partial x^0} + \frac{\partial g_{10}}{\partial x^1} - \frac{\partial g_{10}}{\partial x^1}\right) \\
&\quad + \frac{1}{2}g^{20}\left(\frac{\partial g_{21}}{\partial x^0} + \frac{\partial g_{20}}{\partial x^1} - \frac{\partial g_{10}}{\partial x^2}\right) + \frac{1}{2}g^{30}\left(\frac{\partial g_{31}}{\partial x^0} + \frac{\partial g_{30}}{\partial x^1} - \frac{\partial g_{10}}{\partial x^3}\right) \\
&= \frac{1}{2}\frac{1}{Bc^2}\left(0 + \frac{\partial Bc^2}{\partial r} - 0\right) + \frac{1}{2}\cdot 0\,(0 + 0 - 0) \\
&\quad + \frac{1}{2}\cdot 0\,(0 + 0 - 0) + \frac{1}{2}\cdot 0\,(0 + 0 - 0) \\
&= \frac{1}{2}\frac{B'}{B}. \tag{2.119}
\end{aligned}$$

Dabei wurde zur größeren Übersichtlichkeit A satt $A(r)$ und B statt $B(r)$ geschrieben. Wir erhalten folgende Ergebnisse für die Christoffel-Symbole:

$$\begin{aligned}
&\Gamma^0_{10} = \Gamma^0_{01} = \frac{B'}{2B}, \quad \Gamma^1_{00} = \frac{B'c^2}{2A}, \quad \Gamma^1_{11} = \frac{A'}{2A}, \quad \Gamma^1_{22} = -\frac{r}{A}, \quad \Gamma^1_{33} = -\frac{r\sin^2(\theta)}{A}, \\
&\Gamma^2_{33} = -\sin(\theta)\cos(\theta), \quad \Gamma^2_{12} = \Gamma^2_{21} = \frac{1}{r}, \quad \Gamma^3_{13} = \Gamma^3_{31} = \frac{1}{r}, \quad \Gamma^3_{23} = \Gamma^3_{32} = \frac{\cos(\theta)}{\sin(\theta)} \\
&\tag{2.120}
\end{aligned}$$

und für alle anderen Christoffel-Symbole null.

Als Nächstes berechnen wir nun die Ableitungen der Christoffel-Symbole, wobei nur Ableitungen nach r und θ beachtet wurden, da auch nur diese Variablen in den Ergebnissen der Christoffel-Symbole auftreten. Für die Ableitungen erhalten wir:

$$\frac{\partial \Gamma^0_{10}}{\partial r} = \frac{B''}{2B} - \frac{B'^2}{2B^2}, \quad \frac{\partial \Gamma^1_{00}}{\partial r} = \frac{c^2 B''}{2A} - \frac{c^2 B' A'}{2A^2},$$

$$\frac{\partial \Gamma^1_{11}}{\partial r} = \frac{A''}{2A} - \frac{A'^2}{2A^2}, \quad \frac{\partial \Gamma^1_{22}}{\partial r} = -\frac{1}{A} + \frac{r A'}{A^2},$$

$$\frac{\partial \Gamma^1_{33}}{\partial r} = -\sin^2(\theta) \left(\frac{1}{A} - \frac{r A'}{A^2} \right), \quad \frac{\partial \Gamma^1_{33}}{\partial \theta} = -\frac{r}{A} (2 \sin(\theta) \cos(\theta)),$$

$$\frac{\partial \Gamma^2_{33}}{\partial \theta} = \cos^2(\theta) + \sin^2(\theta), \quad \frac{\partial \Gamma^2_{12}}{\partial r} = -\frac{1}{r^2},$$

$$\frac{\partial \Gamma^3_{13}}{\partial r} = -\frac{1}{r^2}, \quad \frac{\partial \Gamma^3_{23}}{\partial \theta} = -\frac{1}{\sin^2(\theta)} \tag{2.121}$$

und für alle anderen Ableitungen null.

Ricci-Tensor
Wir können jetzt die Komponenten des Ricci-Tensors berechnen und verwenden dazu die Gleichung (2.82). Auch hier werden wir eine ausführliche Beispielrechnung für R_{00} machen. Die weiteren Rechnungen finden sich im Anhang in Kapitel A.1.2 im elektronischen Zusatzmaterial. Bei der Rechnung wurden für die Übersichtlichkeit alle Terme, die offensichtlich null sind, da vorkommende Christoffel-Symbole oder deren Ableitungen null sind, weggelassen. Berechnung von R_{00}:

$$R_{00} = \frac{\partial}{\partial x^\lambda} \Gamma^\lambda_{00} - \frac{\partial}{\partial x^0} \Gamma^\lambda_{0\lambda} + \Gamma^\lambda_{\sigma\lambda} \Gamma^\sigma_{00} - \Gamma^\lambda_{\sigma 0} \Gamma^\sigma_{0\lambda}$$

$$= \frac{\partial}{\partial r} \Gamma^1_{00} + \Gamma^0_{10} \Gamma^1_{00} + \Gamma^1_{11} \Gamma^1_{00} + \Gamma^2_{12} \Gamma^1_{00} + \Gamma^3_{13} \Gamma^1_{00} - \Gamma^0_{10} \Gamma^1_{00} - \Gamma^1_{00} \Gamma^0_{10}$$

$$= \frac{c^2 B''}{2A} - \frac{c^2 B' A'}{2A^2} + \frac{B'}{2B} \frac{c^2 B'}{2A} + \frac{A'}{2A} \frac{c^2 B'}{2A} + \frac{1}{r} \frac{c^2 B'}{2A} + \frac{1}{r} \frac{c^2 B'}{2A} - \frac{B'}{2B} \frac{c^2 B'}{2A} - \frac{c^2 B'}{2A} \frac{B'}{2B}$$

$$= \frac{c^2 B'' A}{2A^2} - \frac{c^2 B' A'}{2A^2} + \frac{c^2 B'^2}{4AB} + \frac{c^2 A' B'}{4A^2} + \frac{c^2 B'}{2Ar} + \frac{c^2 B'}{2Ar} - \frac{c^2 B'^2}{4AB} - \frac{c^2 B'^2}{4AB}$$

$$= \frac{c^2 B'' A}{2A^2} - \frac{c^2 B' A'}{2A^2} - \frac{c^2 B'^2}{4AB} + \frac{c^2 A' B'}{4A^2} + \frac{c^2 B'}{Ar}$$

$$= \frac{c^2 B''}{2A} - \frac{c^2 B' A'}{4A^2} - \frac{c^2 B'^2}{4AB} + \frac{c^2 B'}{Ar}. \tag{2.122}$$

Somit erhalten wir für die Komponenten des Ricci-Tensors:

$$R_{00} = c^2 \left(\frac{B''}{2A} - \frac{B'A'}{4A^2} - \frac{B'^2}{4AB} + \frac{B'}{Ar} \right), \; R_{11} = -\frac{B''}{2B} + \frac{B'^2}{4B^2} + \frac{A'B'}{4AB} + \frac{A'}{Ar},$$

$$R_{22} = 1 - \frac{1}{A} - \frac{rB'}{2AB} + \frac{rA'}{2A^2}, \; R_{33} = \sin^2(\theta) R_{22} \text{ und}$$

$$R_{\mu\nu} = 0 \text{ für } \mu \neq \nu. \tag{2.123}$$

Lösen der Gleichung

Wir können nun die Gleichung $R_{\mu\nu} = 0$ außerhalb der Massenverteilung lösen. Diese Gleichung ist für $\mu \neq \nu$ trivial erfüllt. Außerdem folgt aus $R_{22} = 0$, dass auch $R_{33} = 0$ ist. Deshalb betrachten wir nur die drei Gleichungen

$$R_{00} = 0, \; R_{11} = 0 \text{ und } R_{22} = 0, \tag{2.124}$$

wobei wir bei R_{00} den Faktor c^2 ignorieren können, da dieser nicht null sein kann. Für $A(r)$ und $B(r)$ gilt außerdem, dass sie gegen 1 gehen, wenn der Radius gegen unendlich geht.

Wir beginnen mit dem Ansatz

$$\frac{R_{00}}{B} + \frac{R_{11}}{A} = \frac{0}{B} + \frac{0}{A} = 0 \tag{2.125}$$

und setzen für R_{00} und R_{11} ein:

$$\begin{aligned}
0 &= \frac{R_{00}}{B} + \frac{R_{11}}{A} \\
&= \frac{B''}{2A} - \frac{B'A'}{4A^2} - \frac{B'^2}{4AB} + \frac{B'}{Ar} - \frac{B''}{2B} + \frac{B'^2}{4B^2} + \frac{A'B'}{4AB} + \frac{A'}{Ar} \\
&= \frac{B'}{ABr} + \frac{A'}{A^2 r} \\
&= \frac{1}{Ar} \left(\frac{A'}{A} + \frac{B'}{B} \right). \tag{2.126}
\end{aligned}$$

Damit das Ergebnis null wird, muss der Ausdruck in der Klammer null werden. Deshalb erhalten wir

$$\frac{A'}{A} + \frac{B'}{B} = \frac{d}{dr} \ln(AB) = 0, \tag{2.127}$$

denn es gilt

$$\frac{d}{dr}\ln(AB) = \frac{d}{dr}\left(\ln(A) + \ln(B)\right) = \frac{d}{dr}\ln(A) + \frac{d}{dr}\ln(B) = \frac{A'}{A} + \frac{B'}{B}.$$

$$(2.128)$$

Aus $\frac{d}{dr}\ln(AB) = 0$ folgt $\ln(AB) = $ konst. Woraus wiederum gefolgert werden kann, dass

$$AB = \text{konst.} \qquad (2.129)$$

Da $A(r)$ und $B(r)$ für $r \to \infty$ gegen 1 gehen, muss diese Konstante 1 sein. Das bedeutet, dass

$$AB = 1 \text{ bzw. } A = \frac{1}{B} \qquad (2.130)$$

ist. Damit gilt auch für die Ableitung von $A(r)$

$$A' = -\frac{B'}{B}. \qquad (2.131)$$

Den Ausdruck für A können wir nun in R_{22} und R_{11} einsetzen:

$$R_{22} = 1 - B - \frac{rB'B}{2B} - \frac{rB^2 B'}{2B^2} = 1 - B - rB' = 0 \qquad (2.132)$$

und

$$R_{11} = -\frac{B''}{2B} + \frac{B'^2}{4B^2} - \frac{B'^2 B}{4B^3} - \frac{B'B}{B^2 r} = \frac{-rB'' - 2B'}{2Br}. \qquad (2.133)$$

Wir können R_{22} nach r ableiten und erhalten

$$\frac{dR_{22}}{dr} = \frac{d}{dr}(1 - B - rB') = -2B' - rB''. \qquad (2.134)$$

Dieses Ergebnis können wir in die Rechnung für R_{11} einsetzen:

$$R_{11} = \frac{1}{2Br}\frac{dR_{22}}{dr}. \qquad (2.135)$$

Hiermit zeigt sich, dass wir nur noch die Gleichung R_{22} lösen müssen, damit auch alle anderen Gleichungen für Komponenten des Ricci-Tensors null sind.

Wir lösen also R_{22} durch integrieren:

$$1 - B - rB' = 0 \qquad\qquad \Leftrightarrow$$
$$B + rB' = 1 \Leftrightarrow$$
$$\frac{d(rB)}{dr} = 1 \tag{2.136}$$

und erhalten

$$rB = r + \text{konst.} \tag{2.137}$$

Diese Konstante nennen wir vorerst b und erhalten damit

$$B = 1 + \frac{b}{r} \text{ und } A = \frac{1}{B} = \frac{1}{1 + \frac{b}{r}}. \tag{2.138}$$

Um die Konstante b genauer zu bestimmen, nehmen wir uns zu Hilfe, dass wir aus dem Abschnitt 2.5.3 für den Newton'schen Grenzfall schon einen Ausdruck für g_{00} kennen. Es gilt

$$g_{00} = B(r) \xrightarrow{r \to \infty} 1 + \frac{2\Phi}{c^2} = 1 - \frac{2GM}{c^2 r} = 1 + \frac{b}{r}, \tag{2.139}$$

woraus gefolgert werden kann, dass $b = -\frac{2GM}{c^2}$ ist.

Damit erhalten wir für den metrischen Tensor:

$$g_{\mu\nu} = \text{diag}\left(1 - \frac{2GM}{c^2 r}, -\frac{1}{1 - \frac{2GM}{c^2 r}}, -r^2, -r^2 \sin^2(\theta)\right). \tag{2.140}$$

Das Wegelement ds^2, das sich mit diesem metrischen Tensor ergibt, wird Schwarzsc hild-Metrik genannt:

$$ds^2 = \left(1 - \frac{2GM}{c^2 r}\right)c^2 dt^2 - \left(\frac{1}{1 - \frac{2GM}{c^2 r}}\right)dr^2 - r^2(d\theta^2 + \sin^2(\theta)d\phi^2). \tag{2.141}$$

Der metrischen Tensor und die Schwarzschild-Metrik werden oft mit Hilfe des Schwarzschild-Radius' r_S ausgedrückt. Dieser ist wie folgt definiert:

$$r_S = \frac{2GM}{c^2} = -b. \tag{2.142}$$

2.10.2 Eigenschaften der Schwarzschild-Lösung

Dieses Kapitel orientiert sich an Fließbach (2016), Kapitel 24 und Kapitel 45, Boblest, T. Müller und Wunner (2016), Abschnitt 13.2 und Stillert (2019), Abschnitt 6.2.

Wenn man die Schwarzschild-Metrik betrachtet, wird schnell deutlich, dass die Metrik für $r = 0$ und für $r = r_S$ singulär wird. Deshalb betrachten wir zunächst den Bereich $r > r_S > 0$.

Als Beispiel dafür kann die Sonne verwendet werden. Ihre Masse beträgt $M_\odot \approx 2 \cdot 10^{30}$kg und der Sonnenradius ist $R_\odot \approx 7 \cdot 10^5$km (Fließbach (2016), S. 138). Damit ergibt sich für den Schwarzschild-Radius der Sonne

$$r_{S,\odot} = \frac{2GM_\odot}{c^2} \approx 3\text{km}, \tag{2.143}$$

was deutlich kleiner als der Sonnenradius ist. Für eine Betrachtung des leeren Außenraums der Sonne kann man die Schwarzschild-Lösung also gut verwenden. Dabei gilt, dass die Schwarzschild-Metrik statisch ist. Sie hängt nicht von der Zeit ab und geht für wachsende Radien asymptotisch in die Minkowski-Metrik über. Deshalb kann der Fixsternhimmel als Bezugsrahmen für beobachtbare Winkeländerungen genutzt werden. Die Zeitunabhängigkeit der Lösungen der Vakuum-Feldgleichungen wird auch als Birkhoff[21]-Theorem bezeichnet.

Für Radien, die größer sind als der Schwarzschild-Radius, bedeutet die Funktion $A(r)$ eine Veränderung der Längenmessung im Vergleich mit der Minkowski-Metrik, also eine Veränderung des messbaren Abstands von Punkten mit unterschiedlicher Raumkoordinate r. Mit $dt = d\theta = d\phi = 0$ folgt aus der Schwarzschild-Metrik für eine Länge

$$dl = \frac{1}{\sqrt{1 - \frac{r_S}{r}}} dr. \tag{2.144}$$

---

[21] Georg David Birkhoff, amerikanischer Mathematiker, 1884–1944.

Für den Abstand zweier Punkte mit Radialkoordinaten $r_S < r_1 < r_2$ gilt dann

$$\Delta l = \int_{r_1}^{r_2} \frac{1}{\sqrt{1 - \frac{r_S}{r}}} dr. \tag{2.145}$$

Dieser sogenannte Eigenradialabstand ist immer größer als der durch die Differenz der Radialkoordinaten gebildete Abstand, der für die Minkowski-Metrik gelten würde. Für den Eigenradialabstand der Raumkoordinate r zum Schwarzschild-Radius r_s ergibt sich dann:

$$\Delta l = r\sqrt{1 - \frac{r_S}{r}} + \frac{r_S}{2} ln \left(\frac{\sqrt{1 - \frac{r_S}{r}} + 1}{\sqrt{1 - \frac{r_S}{r}} - 1} \right). \tag{2.146}$$

Dieses Verhalten und damit die äußere Schwarzschild-Lösung kann durch das Flamm'sche Paraboloid in Abbildung 2.7 visualisiert werden.

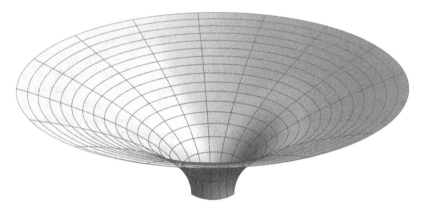

Abb. 2.7 Darstellung des Flamm'schen Paraboloids zur Visualisierung der Schwarzschild-Metrik für $r_S < r$. Die Abbildung stammt von *Äußere Schwarzschild-Lösung (Flammsches Paraboloid)* (2019).

Die Funktion $B(r)$ stellt analog zu $A(r)$ für Radien größer als der Schwarzschild-Radius eine veränderte Zeitmessung im Vergleich zur Schwarzschild-Metrik dar. Es lässt sich aus der Schwarzschild-Metrik eine Beziehung zwischen der Koordinatenzeit t und der von einer Beobachterin tatsächlich messbaren Eigenzeit τ herleiten. Diese Herleitung wird in Abschnitt 3.4 dargestellt.

Ein erkalteter Stern, der mindestens das Dreifache der Sonnenmasse besitzt, kann aufgrund seiner eigenen Gravitation kollabieren und zu einem kugelsymmetrischen Objekt mit einem Radius $r_a < r_S$ zusammenschrumpfen. Ein solches Objekt wird Schwarzes Loch genannt. Für den Bereich zwischen dem Radius der Massenverteilung r_a und dem Schwarzschild-Radius r_S verändern sich die Vorzeichen der Komponenten der Schwarzschild-Metrik. Wir unterscheiden dabei zwei Bereiche:

$$r_a < r < r_S : - \; + \; - \; - \quad \text{innerhalb des Schwarzschild-Radius: raumartig}$$

$$r > r_S : + \; - \; - \; - \quad \text{außerhalb des Schwarzschild-Radius: zeitartig.}$$

Das bedeutet, dass bei einem Übergang von $r > r_S$ zu $r < r_S$ die Eigenschaft zeitartig zu raumartig wird. Mit anderen Worten tauschen die Zeitkoordinate ct und die erste Raumkoordinate r aufgrund des Vorzeichenwechsels ihre Rollen. Diesen Übergang kann man mit Hilfe von radialen Lichtkegeln deutlich machen. Wir betrachten dazu nur die Zeitkoordinate und die erste Raumkoordinate. Für lichtartige Geodäten reduziert sich die Schwarzschild-Metrik dadurch auf:

$$ds^2 = \left(1 - \frac{r_S}{r}\right) c^2 dt^2 - \left(\frac{1}{1 - \frac{r_S}{r}}\right) dr^2 = 0. \tag{2.147}$$

Damit ergibt sich für die Steigung des Lichtkegels in einem $t - r$-Diagramm:

$$\frac{dt}{dr} = \pm \frac{1}{c(1 - \frac{r_S}{r})}. \tag{2.148}$$

Das bedeutet, die Lichtkegel verengen sich, wenn sich r dem Schwarzschild-Radius annähert. Für Radien größer als der Schwarzschild-Radius sind die Zeitkegel entlang der Zeitachse geöffnet. Für kleinere Radien öffnen sich die Lichtkegel dann entlang der Raumachse. Dieses Verhalten ist in dem $t - r$-Diagramm in Abbildung 2.8 dargestellt.

Damit ist die Schwarzschild-Metrik für Radien kleiner als der Schwarzschild-Radius nicht mehr statisch, sondern von der neuen Zeitkoordinate r abhängig. Das widerspricht aber dem Birkhoff-Theorem, weshalb gefolgert werden kann, dass die Schwarzschild-Metrik nur für den Bereich $r > r_S$ gültig ist.

Für den Grenzbereich $r = r_S$ wird die Schwarzschild-Metrik singulär, da der Zeitkoeffizient null wird und der Vorfaktor von dr^2 gegen unendlich geht. Dass die Schwarzschild-Metrik singulär wird, bedeutet aber nicht zwangsläufig, dass eine

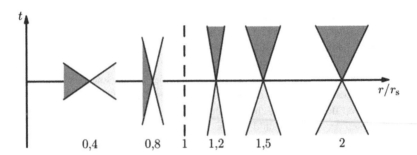

Abb. 2.8 Darstellung des radialen Lichtkegels bei verschiedenen Radien im Verhältnis zum Schwarzschild-Radius. Der Zukunftslichtkegel wird durch den dunkelgrauen Bereich gekennzeichnet. Die Abbildung stammt von Boblest, T. Müller und Wunner (2016), Abb. 13.1.

Singularität im Raum vorliegt. Das Auftreten der Singularität kann auch von der Wahl der Koordinaten abhängen. So erhält man bei Polarkoordinaten für $\rho = 0$ eine Singularität, da die Transformation in kartesische Koordinaten dann dort nicht vom Winkel φ abhängt. Der Nullpunkt des Koordinatensystems ist aber physikalisch unauffällig.

Deshalb betrachten wir stattdessen einen Skalar, der aus den Komponenten des Krümmungstensors gebildet werden kann (Fließbach (2016), S. 266):

$$R^{\rho\kappa\mu\nu} R_{\rho\kappa\mu\nu} = 12 \frac{r_s^2}{r^6}. \tag{2.149}$$

Dieser Skalar wird auch Kretschmann[22]-Skalar genannt. Der Kretschmann-Skalar ist ein Riemann-Skalar, das bedeutet er ist in allen Koordinatensystemen gleich und es kann nicht zu Singularitäten aufgrund der Wahl des Koordinatensystems kommen. Den Ricci-Skalar hätte man hier nicht verwenden können, da dieser gleich null ist. Das liegt daran, dass die Schwarzschild-Metrik die Vakuum-Feldgleichungen $R_{\mu\nu} = 0$ löst und dann auch $R_\mu^\mu = 0$ ist. Setzt man in den Kretschmann-Skalar $r = r_S$ ein, so erhält man keine Singularität.

Tatsächlich tritt also bei $r = r_S$ keine Singularität auf, der Ort ist aber physikalisch ausgezeichnet. Für ein frei fallendes Teilchen, das den Schwarzschild-Radius passiert, tritt keine Besonderheit auf. Doch ein Vergleich einer im Unendlichen ruhenden Uhr und der Eigenzeit des Teilchens zeigt, dass $\frac{dt}{d\tau}$ divergiert. Für ein bei $r = r_s$ emittiertes Photon bedeutet das, dass es unendlich rotverschoben wird. (Die-

---

[22] Erich Justus Kretschmann, deutscher Physiker, 1887–1973.

ser Effekt wird genauer in Abschnitt 3.4 besprochen.) Deshalb können auch keine Photonen, die bei Radien, die kleiner sind als der Schwarzschild-Radius, emittiert wurden, zu Radien außerhalb des Schwarzschild-Radius gelangen. Es dringen also keine Photonen nach außen. Das ist der Fall bei einem Schwarzen Loch und ist grundlegend für seine Namensgebung.

Eine weitere Singularität hat die Schwarzschild-Metrik bei $r = 0$. Hier hat auch der Kretschmann-Skalar eine Singularität. Diese Singularität entspricht derjenigen einer Punktmasse M im Ursprung, vergleichbar mit der Singularität des Newton'schen Gravitationspotentials einer Punktmasse für $r = 0$.

Schwarze Löcher und Effekte der ART 3

3.1 Schwarze Löcher

In diesem Kapitel werden die astronomischen Objekte, die Schwarze Löcher genannt werden, vorgestellt. Dabei wird sich an den Ausführungen von A. Müller (2007–2014) und A. Müller (2007) orientiert.

Ein Schwarzes Loch ist ein astronomisches, sehr massereiches Objekt, das die Raum-Zeit so stark krümmt, sodass eine Singularität entsteht und nicht einmal Licht entkommen kann.

Über Schwarze Löcher wurde als Erstes von Michell[1] im Jahre 1783 speku-·liert, der sich sehr dichte astronomische Objekte vorstellte, denen selbst Licht nicht entkommen kann. Im Jahr 1915 legte Einstein mit seiner Allgemeinen Relativitätstheorie die Grundlage für eine mathematische Beschreibung eines Schwarzen Loches. Diese Beschreibung lieferte dann Schwarzschild im Jahr 1916 mit der Schwarzschild-Lösung der Einstein'schen Feldgleichungen, mit der ein statisches Schwarzes Loch beschrieben werden kann. Diese Lösung wurde in Abschnitt 2.10 besprochen. Neben den erwähnten statischen Schwarzen Löchern gibt es auch rotierende Schwarze Löcher. Diese besitzen einen Eigendrehimpuls und können mit der Kerr-Lösung beschrieben werden. Diese Lösung wurde 1963 von Kerr[2] gefunden und ist eine Verallgemeinerung der Schwarzschild-Lösung. Der Begriff „Schwarzes Loch" wurde 1967 von Wheeler[3] geprägt und ersetzte die beiden Begriffe „gefrorener Stern" und „kollabierter Stern", die bisher gebraucht wurden. Im Jahr 1972 fand

---

[1] John Michell, britischer Pfarrer, Geologe und Astronom, 1724–1793.
[2] Roy Patrick Kerr, neuseeländischer Mathematiker, *1934.
[3] John Archibald Wheeler, amerikanischer Physiker, 1911–2008.

© Der/die Autor(en), exklusiv lizenziert an Springer Fachmedien Wiesbaden GmbH, ein Teil von Springer Nature 2022
R. Maksimović, *Allgemeine Relativitätstheorie und die Darstellung Schwarzer Löcher in interaktiven Medien*, BestMasters,
https://doi.org/10.1007/978-3-658-39253-6_3

Bolton[4] mit Cygnus X-1 den ersten Kandidaten für ein Schwarzes Loch. 2019 wurde schließlich von einer Gruppe internationaler Wissenschaftler*innen eine aus Radioaufnahmen des „Event Horizon Telescope" berechnete Darstellung des Schwarzen Loches im Zentrum der Galaxie „Messier 87" veröffentlicht (EHT (2019)).

Schwarze Löcher entstehen, wenn ein beliebiges Objekt mit gegebener Masse auf einen Radius kleiner als sein Schwarzschild-Radius komprimiert wird. Schwarze Löcher werden nach ihrer Masse und ihrer Entwicklung unterschieden. Ein möglicher natürlicher Entstehungsprozess beginnt am Ende der Lebensdauer eines massereichen Sterns. Wenn ein Stern etwa drei bis hundert Sonnenmassen besitzt, kann er zu einem Schwarzen Loch werden. Das geschieht, wenn der durch Fusionsprozesse im Innern des Sterns entstehende Druck nicht mehr ausreichend groß ist, um den durch Gravitation erzeugten Druck auszugleichen. Der Gravitationsdruck überwiegt und der Stern kann zu einem Schwarzen Loch kollabieren. Für Massen unterhalb von drei Sonnenmassen wird ein so kollabierender Stern zu einem Weißen Zwerg oder einem Neutronenstern.

Weiterführende Informationen zu Schwarzen Löchern können nachgelesen werden bei Misner, Thorne und Wheeler (2017), Part VII, Fließbach (2016) und Stillert (2019).

3.2   Bewegung im Zentralfeld

Dieses Kapitel orientiert sich an Popenco (2017), Abschnitt 8.3 und Meinel (2016), Kapitel 13.

Wir untersuchen in diesem Kapitel eine relativistische Verallgemeinerung des Kepler[5]-Problems, also die Bewegung eines Körpers in einem zentralsymmetrischen Gravitationsfeld, wie es schon bei der Schwarzschild-Lösung der Einstein'schen Feldgleichungen vorausgesetzt wurde. Für Schwarze Löcher bedeutet das: Wir betrachten die Bewegung von Teilchen oder Licht im Außenraum mit einem Abstand zum Schwarzen Loch, der größer ist als der Schwarzschild-Radius. Dafür verwenden wir die aus Abschnitt 2.5.1 bekannte Geodätengleichung

$$\frac{d^2 x^\kappa}{d\lambda^2} = -\Gamma^\kappa_{\mu\nu} \frac{dx^\mu}{d\lambda} \frac{dx^\nu}{d\lambda} \tag{3.1}$$

---

[4] Charles Thomas Bolton, amerikanischer Astronom, *1943.
[5] Johannes Kepler, deutscher Astronom, 1572–1630.

mit Bahnparameter λ, da wir die folgenden Überlegungen sowohl für Licht als masseloses Teilchen als auch für die Bewegung eines Massenpunktes anstellen.
   Außerdem verwenden wir die Weglänge aus Abschnitt 2.4.2:

$$ds^2 = g_{\mu\nu}dx^\mu dx^\nu. \tag{3.2}$$

Diese Gleichung können wir zweimal nach λ ableiten und erhalten:

$$g_{\mu\nu}\frac{dx^\mu}{d\lambda}\frac{dx^\nu}{d\lambda} = \left(\frac{ds}{d\lambda}\right)^2 = c^2\left(\frac{d\tau}{d\lambda}\right)^2. \tag{3.3}$$

Dabei ist für Licht $d\tau = 0$. Für Massenpunkte können wir statt $d\lambda$ auch $d\tau$ verwenden. Dementsprechend ergibt sich

$$\left(\frac{ds}{d\lambda}\right)^2 = c^2\left(\frac{d\tau}{d\lambda}\right)^2 = \begin{cases} 0 & \text{für } m = 0 \\ c^2 & \text{für } m \neq 0. \end{cases} \tag{3.4}$$

Ausgehend von den zwei Gleichungen werden wir eine Differentialgleichung für $r(\phi)$ bzw. $\frac{1}{r(\phi)}$ aufstellen, ähnlich wie auch beim Kepler-Problem eine Gleichung für $r(\phi)$ gesucht wird.
   Wir beginnen, indem wir die Geodätengleichung für $\kappa = 0, 2, 3$ bestimmen. Da die Gleichung für $\kappa = 1$ im Vergleich deutlich komplexer ist und für die Lösung der Geodatengleichung nicht benötigt wird, wird die Gleichung für $\kappa = 1$ nicht betrachtet. Dafür nutzen wir die Christoffel-Symbole aus Abschnitt 2.10.1, wie wir sie schon für die Schwarzschild-Lösung verwendet haben. Dabei verwenden wir auch hier Kugelkoordinaten mit $(x^0, x^1, x^2, x^3) = (ct, r, \theta, \phi)$.
   Für $\kappa = 0$ gilt:

$$\frac{d^2x^0}{d\lambda^2} = -\frac{B'}{B}\frac{dx^0}{d\lambda}\frac{dr}{d\lambda} = -\frac{\frac{r_S}{r^2}}{1-\frac{r_S}{r}}\frac{dx^0}{d\lambda}\frac{dr}{d\lambda}. \tag{3.5}$$

Für $\kappa = 2$ gilt:

$$\frac{d^2\theta}{d\lambda^2} = \sin(\theta)\cos(\theta)\left(\frac{d\phi}{d\lambda}\right)^2 - \frac{2}{r}\frac{dr}{d\lambda}\frac{d\theta}{d\lambda}. \tag{3.6}$$

Für $\kappa = 3$ gilt:

$$\frac{d^2\phi}{d\lambda^2} = -\frac{2}{r}\frac{dr}{d\lambda}\frac{d\phi}{d\lambda} - 2\frac{\cos(\theta)}{\sin(\theta)}\frac{d\phi}{d\lambda}\frac{d\theta}{d\lambda}. \tag{3.7}$$

Aufgrund der Kugelsymmetrie des Problems können wir $\theta = \frac{\pi}{2}$ festlegen. Damit wird dann die Bewegung in nur einer Ebene, der Äquatorebene, betrachtet. Dies ist möglich, da wir immer ein Koordinatensystem finden können oder ein vorhandenes so drehen können, dass $\theta = \frac{\pi}{2}$ ist. Diese Überlegung entspricht der klassischen Überlegung, dass die Bewegung eines Planeten beim Kepler-Problem aufgrund der Drehimpulserhaltung in einer Ebene stattfindet. Diese Ebene ist senkrecht zum Drehimpulsvektor l.

Wir können daraus folgern, dass

$$\frac{d\theta}{d\lambda} = 0. \tag{3.8}$$

Das können wir nun in Gleichung (3.6) einsetzen und erhalten:

$$\frac{d^2\theta}{d\lambda^2} = \sin\left(\frac{\pi}{2}\right)\cos\left(\frac{\pi}{2}\right)\left(\frac{d\phi}{d\lambda}\right)^2 = 0. \tag{3.9}$$

Wir untersuchen nun weiter Gleichung (3.7) und es ergibt sich:

$$\frac{d^2\phi}{d\lambda^2} = -\frac{2}{r}\frac{dr}{d\lambda}\frac{d\phi}{d\lambda}$$

$$\Rightarrow 0 = \frac{d^2\phi}{d\lambda^2} + \frac{2}{r}\frac{dr}{d\lambda}\frac{d\phi}{d\lambda}$$

$$\Rightarrow 0 = \frac{d^2\phi}{d\lambda^2} + \frac{2r}{r^2}\frac{dr}{d\lambda}\frac{d\phi}{d\lambda}$$

$$\Rightarrow 0 = \frac{1}{r^2}\frac{d}{d\lambda}\left(r^2\frac{d\phi}{d\lambda}\right) \tag{3.10}$$

mit $\frac{dr^2}{d\lambda} = 2r\frac{dr}{d\lambda}$.

Daraus folgt, dass der Term in der Klammer konstant sein muss, da sonst die Ableitung nicht null wäre. Wir setzen

$$r^2\frac{d\phi}{d\lambda} = l = \text{konst.} \tag{3.11}$$

Die Integrationskonstante l entspricht dem Drehimpuls pro Masse und die Gleichung besagt, dass der Betrag des Drehimpulses konstant ist.

Wir erhalten einen Ausdruck für $\frac{d\phi}{d\lambda}$:

$$\frac{d\phi}{d\lambda} = \frac{l}{r^2}.$$ (3.12)

Wir betrachten nun weiter die Gleichung (3.5) und stellen diese um:

$$\frac{d^2 x^0}{d\lambda^2} = -\frac{\frac{r_S}{r^2}}{1 - \frac{r_S}{r}} \frac{dx^0}{d\lambda} \frac{dr}{d\lambda}$$

$$\Rightarrow 0 = \frac{d^2 x^0}{d\lambda^2} + \frac{\frac{r_S}{r^2}}{1 - \frac{r_S}{r}} \frac{dx^0}{d\lambda} \frac{dr}{d\lambda}$$

$$\Rightarrow 0 = \frac{d^2 x^0}{d\lambda^2} \left(1 - \frac{r_S}{r}\right) + \frac{r_S}{r^2} \frac{dx^0}{d\lambda} \frac{dr}{d\lambda}$$

$$\Rightarrow 0 = \frac{d^2 x^0}{d\lambda^2} \left(1 - \frac{r_S}{r}\right) + \left(\frac{d}{d\lambda} \left(1 - \frac{r_S}{r}\right)\right) \frac{dx^0}{d\lambda}$$

$$\Rightarrow 0 = \frac{d}{d\lambda} \left(\frac{dx^0}{d\lambda} \left(1 - \frac{r_S}{r}\right)\right),$$ (3.13)

wobei wir im letzten Schritt die Produktregel für Ableitungen verwendet haben. Wir können auch hier folgern, dass der Inhalt der Klammer konstant sein muss. Wir setzen

$$\frac{dx^0}{d\lambda} \left(1 - \frac{r_S}{r}\right) = F = \text{konst.}$$ (3.14)

und erhalten einen Ausdruck für $\frac{dx^0}{d\lambda}$:

$$\frac{dx^0}{d\lambda} = \frac{F}{1 - \frac{r_S}{r}}.$$ (3.15)

Da wir eine Gleichung für $r(\phi)$ erhalten wollen, können wir außerdem folgende Überlegung anstellen:

$$\frac{dr}{d\lambda} = \frac{dr}{d\phi} \frac{d\phi}{d\lambda} = \frac{dr}{d\phi} \frac{l}{r^2}.$$ (3.16)

Damit können wir Ableitungen von r nach λ durch Ableitungen von r nach ϕ ersetzen.

Statt jetzt die Geodätengleichung für $\kappa = 1$ zu betrachten, wählen wir einen einfacheren Weg und verwenden die Gleichung (3.4). In die Gleichung setzen wir die Schwarzschild-Metrik, also Gleichung (2.141), ein:

$$\frac{1}{c^2} \left(\frac{ds}{d\lambda} \right)^2 = \frac{1}{c^2} \left(1 - \frac{r_S}{r} \right) \left(\frac{dx^0}{d\lambda} \right)^2 - \frac{1}{c^2} \left(\frac{1}{1 - \frac{r_S}{r}} \right) \left(\frac{dr}{d\lambda} \right)^2$$

$$- \frac{r^2}{c^2} \left(\frac{d\theta}{d\lambda} \right)^2 - \frac{r^2}{c^2} \sin^2(\theta) \left(\frac{d\phi}{d\lambda} \right)^2$$

$$= \begin{cases} 0 \text{ für } m = 0 \\ 1 \text{ für } m \neq 0. \end{cases} \tag{3.17}$$

In Gleichung 3.17 werden wir die bisherigen Ergebnisse einsetzen. Um das Rechnen aber zu vereinfachen, substituieren wir zuvor mit $u = \frac{1}{r}$. Damit bekommen wir für die Gleichungen (3.15), (3.16) und (3.12), also für die Ableitung der verschiedenen Koordinaten nach λ, folgende Ausdrücke:

$$\frac{dx^0}{d\lambda} = \frac{F}{1 - r_S u}, \tag{3.18}$$

$$\frac{dr}{d\lambda} = \frac{dr}{d\phi} l u^2 = -\frac{1}{u^2} \frac{du}{d\phi} l u^2 = -l \frac{du}{d\phi}, \tag{3.19}$$

$$\frac{d\theta}{d\lambda} = 0 \text{ und} \tag{3.20}$$

$$\frac{d\phi}{d\lambda} = l u^2. \tag{3.21}$$

Durch Einsetzen der Ausdrücke in Gleichung (3.17) erhalten wir:

$$\frac{1}{c^2}\left(\frac{ds}{d\lambda}\right)^2 = \frac{1}{c^2}(1 - r_S u)\left(\frac{dx^0}{d\lambda}\right)^2 - \frac{1}{c^2}\left(\frac{1}{1 - r_S u}\right)\left(\frac{dr}{d\lambda}\right)^2$$

$$- \frac{1}{c^2 u^2}\left(\frac{d\theta}{d\lambda}\right)^2 - \frac{1}{c^2 u^2}\sin^2(\theta)\left(\frac{d\phi}{d\lambda}\right)^2$$

$$= \frac{1}{c^2}(1 - r_S u)\left(\frac{F}{1 - r_S u}\right)^2 - \frac{1}{c^2}\left(\frac{1}{1 - r_S u}\right)l^2\left(\frac{du}{d\phi}\right)^2 - \frac{1}{c^2 u^2}l^2 u^4$$

$$= \frac{1}{c^2}\frac{F^2}{1 - r_S u} - \frac{l^2}{c^2(1 - r_S u)}\left(\frac{du}{d\phi}\right)^2 - \frac{l^2 u^2}{c^2} \quad | \cdot c^2 \ | \cdot (1 - r_S u)$$

$$\Rightarrow F^2 - l^2\left(\frac{du}{d\phi}\right)^2 - l^2 u^2(1 - r_S u)$$

$$= \begin{cases} 0 & \text{für } m = 0 \\ c^2(1 - r_S u) & \text{für } m \neq 0. \end{cases} \tag{3.22}$$

Das Ergebnis leiten wir nach ϕ ab und erhalten:

$$-2l^2\frac{du}{d\phi}\frac{d^2u}{d\phi^2} - 2l^2 u\frac{du}{d\phi} + 3l^2 r_S u^2\frac{du}{d\phi}$$

$$= \begin{cases} 0 & \text{für } m = 0 \\ -c^2 r_S \frac{du}{d\phi} & \text{für } m \neq 0. \end{cases} \tag{3.23}$$

Um die Gleichung zu vereinfachen, teilen wir durch $-l^2\frac{du}{d\phi}$ und es folgt

$$\frac{d^2u}{d\phi^2} + u = \begin{cases} \frac{3r_S u^2}{2} & \text{für } m = 0 \\ \frac{3r_S u^2}{2} + \frac{c^2 r_S}{2l^2} & \text{für } m \neq 0. \end{cases} \tag{3.24}$$

Wir haben mit Gleichung (3.24) die Differentialgleichung für $u(\phi) = \frac{1}{r}(\phi)$ gefunden. Diese beschreibt zum Beispiel die Bewegung von Planeten um die Sonne, aber auch um ein Schwarzes Loch. Sie ist dabei eine relativistische Verallgemeinerung des Kepler-Problems. Im nächsten Kapitel werden wir mit Hilfe dieser Gleichung die Lichtablenkung im Außenraum eines Schwarzen Loches betrachten.

3.3   Lichtablenkung im Gravitationsfeld

Dieses Kapitel orientiert sich an Ryder (2009), Abschnitt 5.8 und Grøn und Næss
(2011), Abschnitt 13.7.

Wie schon zu Beginn in Abschnitt 2.2 beschrieben wurde, beeinflussen große
Massen auch den Weg, den ein Lichtstrahl durch die Raum-Zeit nimmt. Wie genau
diese Ablenkung eines Lichtstrahls im Feld eines massereichen Objektes, hier eines
Schwarzen Loches, aussieht, können wir beschreiben, wenn wir die in Abschnitt
3.2 aufgestellte Differentialgleichung

$$\frac{d^2u}{d\phi^2} + u = \frac{3r_S u^2}{2} \tag{3.25}$$

für den Fall $m = 0$ lösen. Im Folgenden werden wir die verkürzten Schreibweisen
$\frac{du}{d\phi} = u'$ und $\frac{d^2u}{d\phi^2} = u''$ verwenden.

Wir beginnen die Lösung der Differentialgleichung, indem wir zunächst die
Gleichung

$$u'' + u = 0 \tag{3.26}$$

lösen, die der Beschreibung der flachen Raum-Zeit entspricht. Dafür verwenden wir
den Ansatz

$$u_0 = \frac{1}{D}\cos(\phi). \tag{3.27}$$

Diese Lösung beschreibt eine geradlinige Bewegung des Lichtstrahls, der von $\phi =
-\frac{\pi}{2}$ nach $\phi = \frac{\pi}{2}$ geht und bei $\phi = 0$ den Ursprung des Koordinatensystems im
minimalen Abstand von $r = D$ passiert. Damit kann D als eine Art Stoßparameter
interpretiert werden. Für sehr große Entfernungen r, das heißt $D \gg r_S$, stellt der
Lösungsansatz eine gute Näherung dar, weil dann gilt $u^2 \ll \frac{u}{r_S}$.

Da wir uns im Außenfeld des Schwarzen Loches befinden, suchen wir für die
gesamte Differentialgleichung eine Lösung, die der beschriebenen Geraden sehr
ähnlich ist. Wir können also für die Lösung schreiben

$$u = u_0 + u_1, \tag{3.28}$$

wobei $|u_1| \ll |u_0|$ ist. Das können wir in Gleichung (3.25) einsetzen und erhalten

$$u_0'' + u_1'' + u_0 + u_1 = \frac{3r_S}{2}(u_0 + u_1)^2. \tag{3.29}$$

Da u_0 Gleichung (3.26) löst, reduziert sich Gleichung (3.29) auf

$$u_1'' + u_1 = \frac{3r_S}{2}(u_0 + u_1)^2. \tag{3.30}$$

Da $|u_1| \ll |u_0|$ können wir u_1 auf der rechten Seite vernachlässigen und dann ist

$$u_1'' + u_1 = \frac{3r_S}{2}u_0^2, \tag{3.31}$$

wo wir u_0 einsetzen können:

$$u_1'' + u_1 = \frac{3r_S}{2}\frac{1}{D^2}\cos^2(\phi). \tag{3.32}$$

Diese Gleichung kann mit dem Ansatz

$$u_1 = \frac{r_S}{2D^2}(1 + \sin^2(\phi)) \tag{3.33}$$

gelöst werden.[6] Um eine angenäherte allgemeine Lösung zu erhalten, addieren wir u_0 und u_1

$$u = u_0 + u_1 = \frac{1}{D}\cos(\phi) + \frac{r_S}{2D^2}(1 + \sin^2(\phi)). \tag{3.34}$$

Mit dieser Lösung können wir nun das Verhalten im Unendlichen betrachten. Für $r \to \infty$, also $u \to 0$ gilt nun $\phi \to \pm(\frac{\pi}{2} + \delta)$. Dabei ist Delta der Winkel, der die Abweichung von der Geraden und damit die Ablenkung des Lichtstrahls im Gravitationsfeld beschreibt, wie in Abbildung 3.1 dargestellt.

Wenn wir diese Werte für u und ϕ in Gleichung (3.34) einsetzen, erhalten wir unter Verwendung von Additionstheoremen

---

[6] Durch Einsetzen und Nachrechnen kann ohne größere Schwierigkeiten verifiziert werden, dass der Ansatz u_1 die Differentialgleichung löst.

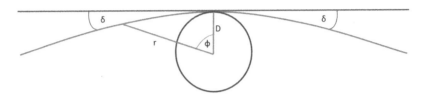

Abb. 3.1 Lichtablenkung im Gravitationsfeld, Abbildung nach Grøn und Næss (2011), Fig. 13.1

$$0 = -\frac{1}{D}\sin(\delta) + \frac{r_S}{2D^2}(1 + \cos^2(\delta)). \tag{3.35}$$

Wir verwenden die Kleinwinkelnäherung und setzen deshalb die für die trigonometrischen Funktionen ersten Glieder der Taylor[7]-Reihenentwicklung ein. Wir bekommen einen Ausdruck für δ:

$$0 = \frac{1}{D}(-\delta) + \frac{r_S}{2D^2}(1 + 1) \qquad \Leftrightarrow$$

$$0 = -\frac{1}{D}\delta + \frac{r_S}{D^2} \qquad \Leftrightarrow$$

$$0 = -\delta + \frac{r_S}{D} \qquad \Leftrightarrow$$

$$\delta = \frac{r_S}{D}. \tag{3.36}$$

Damit ergibt sich für die Gesamtablenkung des Lichtstrahls

$$\tilde{\alpha} = 2\delta = \frac{2r_S}{D}. \tag{3.37}$$

Die Gesamtablenkung des Lichtstrahls im Gravitationsfeld hängt also näherungsweise nur von der Masse des Schwarzen Loches und dem minimalen Abstand des Lichtstrahls zum Schwarzen Loch ab.

Diese Lichtablenkung an massereichen Objekten kann in der Praxis beobachtet werden. So wurde zum Beispiel das Licht der Supernova „Refsdal" durch eine elliptische Galaxie im Cluster MACS J1149,5+2223 so abgelenkt, dass die Supernova viermal zu sehen war. Es bildete sich eine kreuzförmig erscheinende Anordnung um die Galaxie herum, die am 10.11.2014 von dem Hubble[8] Space Telescope auf-

---

[7] Brook Taylor, englischer Mathematiker, 1685–1731.

[8] Benannt nach Edwin Powell Hubble, amerikanischer Astronom, 1889–1953.

genommen wurde. Aufgrund der Theorien für die Lichtablenkung konnten Wissenschaftler*innen außerdem voraussagen, dass die Supernova auch an einer fünften Stelle zu sehen sein würde. Das konnte am 11.12.2015 mit dem Hubble Space Telescope bestätigt werden und war das erste Mal, dass Ort und Zeitpunkt des Erscheinens einer Supernova erfolgreich vorhergesagt werden konnten (Kelly (2016)).

Die gravitative Lichtablenkung konnte auch vor kurzem wieder bestätigt werden. In dem am 18. Juli 2021 veröffentlichten Artikel von Wilkins u. a. (2021) wird dargestellt, dass Photonen detektiert werden konnten, die von der Akkretionsscheibe auf der Rückseite eines Schwarzen Loches stammen. Die Akkretionsscheibe reflektierte Röntgenblitze, die in der Nähe des Schwarzen Loches entstehen. Aufgrund der Frequenzverschiebung der beobachteten Photonen können diese nur von der entfernten Seite der Akkretionsscheibe stammen und um das Schwarze Loch herum abgelenkt worden sein.

3.4   Gravitative Rotverschiebung

Dieses Kapitel orientiert sich an Meinel (2016), Abschnitt 13.3.

Die gravitative Rotverschiebung, die auch als Frequenzverschiebung bezeichnet wird, ist ein klassischer Effekt der Allgemeinen Relativitätstheorie. Sie beschreibt, dass ein Signal, zum Beispiel ein Lichtsignal, bei einer radialen Bewegung von einem massereichen Objekt weg oder zu ihm hin, potentielle Energie dazugewinnt oder abgibt. Das ist ähnlich dem Effekt der Newton'schen Mechanik, bei dem Objekte, die radial in einem Gravitationsfeld bewegt werden, kinetische in potentielle Energie umwandeln oder umgekehrt. Bei masselosen Objekten, wie Photonen, geschieht die Abgabe und Aufnahme der potentiellen Energie in der Allgemeinen Relativitätstheorie über eine entsprechende Veränderung der Frequenz des Photons. Diese Frequenzänderung soll im Folgenden näher beschrieben werden.

Dazu betrachten wir einen Sender und einen Empfänger in der Nähe einer statischen, kugelsymmetrischen Massenverteilung, wie zum Beispiel in der Nähe eines statischen Schwarzen Loches. Dabei ist es wichtig, zwischen der allgemeinen Koordinatenzeit t und der Eigenzeit τ von Objekten und Beobachter*innen zu unterscheiden. Die Koordinatenzeit ist die Zeitkoordinate für das betrachtete Koordinatensystem. Sie ist ein Hilfsmittel und kann nicht gemessen werden. Wir nehmen an, dass der Sender und der Empfänger in Ruhe sind, das bedeutet $dr = d\theta = d\phi = 0$.

Wir können die Schwarzschild-Metrik, Gleichung (2.141), verwenden und die Annahme einsetzen:

$$ds^2 = c^2 d\tau^2 = c^2 \left(1 - \frac{r_S}{r}\right) dt^2. \tag{3.38}$$

Daraus können wir schließen, dass

$$d\tau = \sqrt{1 - \frac{r_S}{r}} dt \tag{3.39}$$

ist. Dabei beschreibt τ die Eigenzeit des Senders oder des Empfängers. Statt der infinitesimalen Zeitabstände betrachten wir nun feste Zeitintervalle, wie sie zum Beispiel zwischen zwei Wellenbergen eines Lichtsignals oder zwischen dem Aufleuchten eines periodisch blinkenden Gegenstandes liegen. Deshalb ersetzen wir $d\tau$ durch $\Delta\tau$ und dt durch Δt. Wir erhalten

$$\Delta\tau = \sqrt{1 - \frac{r_S}{r}} \Delta t \tag{3.40}$$

und können das Verhältnis des Eigenzeitintervalls des Senders zum Eigenzeitintervall des Empfängers bilden:

$$\frac{\Delta\tau_{Se}}{\Delta\tau_{Em}} = \sqrt{\frac{1 - \frac{r_S}{r_{Se}}}{1 - \frac{r_S}{r_{Em}}} \frac{\Delta t_{Se}}{\Delta t_{Em}}}. \tag{3.41}$$

Da es sich bei Δt_{Se} und Δt_{Em} um Zeitintervalle der Koordinatenzeit handelt, gilt $\Delta t_{Se} = \Delta t_{Em}$ und wir erhalten:

$$\frac{\Delta\tau_{Se}}{\Delta\tau_{Em}} = \sqrt{\frac{1 - \frac{r_S}{r_{Se}}}{1 - \frac{r_S}{r_{Em}}}}. \tag{3.42}$$

Da wir statt Eigenzeiten Frequenzen betrachten wollen, setzen wir $\nu_{Se} = \frac{1}{\Delta\tau_{Se}}$ und $\nu_{Em} = \frac{1}{\Delta\tau_{Em}}$ ein und es folgt:

$$\frac{\nu_{Se}}{\nu_{Em}} = \sqrt{\frac{1 - \frac{r_S}{r_{Em}}}{1 - \frac{r_S}{r_{Se}}}}. \tag{3.43}$$

Das bedeutet für $r_S < r_{Se} < r_{Em}$ gilt $\nu_{Se} > \nu_{Em}$. Wenn sich ein Photon also von einem massereichen Objekt weg bewegt, verringert sich seine Frequenz und verschiebt sich damit zum Beispiel vom blauen in den roten Frequenzbereich.

Ein Beispiel für die alltägliche Relevanz dieses Phänomens ist das GPS (Global Positioning System). Für dieses Beispiel wird sich orientiert an Scharfe (2021), Abschnitt 7.5. Um mit Hilfe dieses Systems genaue Positionen, zum Beispiel für ein Navigationssystem, bestimmen zu können, müssen Effekte der Allgemeinen und der Speziellen Relativitätstheorie berücksichtigt werden. Dafür werden wir die entsprechenden Zeitdifferenzen zwischen einem Satelliten, der ein Signal sendet, und einer auf der Erde befindlichen Beobachter*in bestimmen.

Wir beginnen mit der gravitativen Frequenzverschiebung als Effekt der Allgemeinen Relativitätstheorie. Wir werden dafür Gleichung (3.42) verwenden und berechnen deshalb zunächst den Schwarzschild-Radius der Erde mit Gleichung (2.142). Dabei werden die Größen Gravitationskonstante $G = (6{,}67430\pm0{,}00015)\cdot 10^{-11}\,\frac{\mathrm{m}^3}{\mathrm{kgs}^2}$ (*Gravitationskonstante* (2021)), Lichtgeschwindigkeit $c = 299792458\,\frac{\mathrm{m}}{\mathrm{s}}$ (*Lichtgeschwindigkeit* (2021)), Masse der Erde $M_{Erde} = 5{,}97 \cdot 10^{24}$ kg und mittlerer Erdradius $R_{Erde} = (6371{,}01 \pm 0{,}02)$ km ("Erde" (1998)) verwendet.[9] Wir erhalten als Schwarzschild-Radius der Erde:

$$r_{S,Erde} = 8{,}87 \cdot 10^{-3} \text{ m.} \tag{3.44}$$

Ein GPS-Satellit hat seine Umlaufbahn auf einer Höhe von 20200 km über dem Erdboden ("Global Positioning System" (2000)). Damit ergibt sich für das Verhältnis der Eigenzeiten

$$\frac{\Delta\tau_{Sat}}{\Delta\tau_{Erde}} = 1 + 5{,}29 \cdot 10^{-10}. \tag{3.45}$$

Das bedeutet, dass $\Delta\tau_{Sat} > \Delta\tau_{Erde}$ ist und die Zeit im Satelliten schneller vergeht als auf der Erde.

Als Zweites berechnen wir nun den Effekt der Zeitdilatation der Speziellen Relativitätstheorie, der durch die relative Bewegung des Satelliten zur Beobachterin entsteht. Ein GPS-Satellit bewegt sich mit einer Geschwindigkeit von $v_{Sat} = 3{,}9\,\frac{\mathrm{km}}{\mathrm{s}}$.(Wassermann (2011)) Da die Erde sich einmal am Tag um sich selbst dreht, können wir annehmen, dass die Beobachterin auf der Erde eine maximale Geschwindigkeit von $v_{Erde} = 463\,\frac{\mathrm{m}}{\mathrm{s}}$ hat. Zur Berechnung der Zeitdilatation

---

[9] Da es sich um eine Beispielrechnung handelt, die nur den Effekt der Frequenzverschiebung verdeutlichen soll, wird auf eine Fehlerrechnung verzichtet.

werden wir Gleichung

$$\Delta \tau = \frac{\Delta t}{\sqrt{1 - \frac{v^2}{c^2}}}. \tag{3.46}$$

("Spezielle Relativitätstheorie" (1998)) nutzen und das entsprechende Verhältnis der Eigenzeiten bilden. Als Ergebnis bekommen wir

$$\frac{\Delta \tau_{Sat}}{\Delta \tau_{Erde}} = \frac{\sqrt{1 - \frac{v^2_{Erde}}{c^2}}}{\sqrt{1 - \frac{v^2_{Sat}}{c^2}}} = 1 - 0,86 \cdot 10^{-10}. \tag{3.47}$$

Aufgrund der höheren Geschwindigkeit des Satelliten vergeht die Zeit in ihm also langsamer.

Vergleicht man dieses Ergebnis mit dem Effekt der gravitativen Frequenzverschiebung fällt auf, dass die Vorzeichen der beiden Effekte unterschiedlich sind. Die Effekte heben sich also teilweise auf und wir erhalten insgesamt, dass die Zeit im Satelliten um einen Faktor $4,43 \cdot 10^{-10}$ schneller vergeht als auf der Erdoberfläche. Dieser Unterschied macht sich in der Praxis bemerkbar. Die Position einer Person auf der Erdoberfläche wird durch das GPS bestimmt, indem die Laufzeit eines Funksignals gemessen wird. Daraus kann dann der Abstand zum Satelliten und damit, unter Verwendung mehrerer Satelliten, die Position auf der Erdoberfläche bestimmt werden. Bei einer Zeitmessung von einer Minute ($\Delta t = 60\,s$) ergäbe sich ohne Betrachtung der relativistischen Effekte eine Abweichung von

$$\Delta s = c \cdot 4,43 \cdot 10^{-10} \cdot \Delta t \approx 8 \text{ m} \tag{3.48}$$

in der Abstandsbestimmung zum Satelliten.

Schwarze Löcher in „Elite Dangerous" 4

In diesem Kapitel wird das Videospiel „Elite Dangerous" (Frontier-Developments (V.1.3.01)) kurz vorgestellt und dabei vor allem auf die wissenschaftlichen Aspekte des Spiels eingegangen. Im Anschluss daran werden zwei Aspekte der Allgemeinen Relativitätstheorie, die in der Nähe von Schwarzen Löchern zu beobachten sind und die in Kapitel 3 theoretisch erörtert wurden, auf ihre wissenschaftlich akkurate Präsentation im Spiel hin untersucht.

4.1 Kurze Vorstellung des Spiels

Das Videospiel „Elite Dangerous" ist ein Science-Fiction-Computerspiel, das am 16.12.2014 veröffentlicht wurde. Es wurde vom britischen Entwicklerstudio „Frontier Developments" unter der Leitung von David Braben entwickelt. Das Spiel ist ein sogenanntes Open-World-Spiel, was bedeutet, dass sich die Spieler*innen in dem Spiel sehr frei bewegen können. Um das Spiel zu spielen, wird eine ständige Internetverbindung benötigt und die Spieler*innen können zwischen einem Einzelspieler*innen-Modus oder einem Mehrspieler*innen-Modus wählen. Dabei ist das Spiel vor allem eine Mischung zwischen Wirtschaftssimulation und Weltraum-Flugsimulation. Die Welt von „Elite Dangerous" ist eine persistierende Welt, das heißt, dass sie sich ständig und in diesem Fall in Echtzeit weiterentwickelt und nicht pausiert, während die Spieler*innen nicht spielen. Es spielt in unserer Galaxie, der Milchstraße, und beginnt im Jahr 3300. Eine vorgegebene Handlung

Ergänzende Information Die elektronische Version dieses Kapitels enthält Zusatzmaterial, auf das über folgenden Link zugegriffen werden kann https://doi.org/10.1007/978-3-658-39253-6_4.

gibt es nicht, eher können sich die Spieler*innen ihre eigenen Spielziele selbst über-
legen und mit der Spielumwelt interagieren. (*Wikipedia: Elite: Dangerous* (2021))
    Bei der Erstellung des Spiels wurde viel Wert auf die wissenschaftlichen Grund-
lagen der Spielewelt und ihrer Mechaniken gelegt. Der Chefentwickler David Braben gibt an, dass Naturwissenschaft dem Spiel zu Grunde liege (Braben (2017))
und so wissenschaftlich akkurat, wie möglich vorgegangen wurde (Braben (2016)).
So wurden der Erstellung der Galaxie Milchstraße im Spiel die echten öffentlich
zugänglichen Daten von 150 000 Sternen aus der Milchstraße zu Grunde gelegt (Parkin (2014)). Für das Spiel wurden aus diesen Daten ca. 400 Mrd. Sterne möglichst
realistisch mit den dazugehörigen Planeten, Asteroiden und Monden modelliert.
Dafür wurde eine sogenannte „Sternenschmiede" (eng.: Stellar forge) genutzt, ein
Programm, das die bekannten Informationen über die Sterne in unserer Galaxie, wie
zum Beispiel Größe oder Temperatur von einzelnen Sternen, nutzt, um zum Urknall
zurückzurechnen und von dort aus die Entstehung der Milchstraße mit allen ihren
Sternen zu extrapolieren (Hall (2014)). Hierbei handelt es sich um eine Simulation,
die selbst fehlerbehaftet ist (Hall (2014)). Auch anderen Phänomenen, wie der Funk-
tionsweise von Raumschiffssensoren und der Plattentektonik von Planeten, liegen,
laut Braben, naturwissenschaftliche Erkenntnisse zu Grunde.(Braben (2016)) Eine
große Ausnahme von diesem Prinzip wurde bei der möglichen Reisegeschwindig-
keit gemacht. Um die gesamte Milchstraße im Spiel bereisen zu können, ist es in
dem Spiel möglich, sich in einem Raumschiff schneller als mit Lichtgeschwindigkeit fortzubewegen (Braben (2017)).
    Insgesamt ist also zu vermuten, dass die Spielehersteller*innen sich auch in
Bezug auf die Darstellung Schwarzer Löcher an den wissenschaftlichen Grundlagen
orientiert haben. Eine Aussage dazu konnte trotz mehrfacher Anfragen an „Frontier Developments" leider nicht erhalten werden. Deshalb kann in Abschnitt 4.4
nur spekuliert werden, an welchen Stellen und warum von den wissenschaftlichen
Vorgaben abgewichen worden sein könnte.

4.2   Gravitationslinseneffekt in „Elite Dangerous"

In dem Videospiel „Elite Dangerous" werden unter anderem auch Schwarze Löcher
dargestellt. Da Schwarze Löcher selbst nicht beobachtbar sind, werden sie in dem
Spiel über die Ablenkung von Lichtstrahlen durch die hohe Masse der Schwarzen Löcher sichtbar gemacht. In diesem Kapitel soll überprüft werden, ob und
inwieweit diese Lichtablenkung entsprechend der wissenschaftlichen Vorgaben der
Allgemeinen Relativitätstheorie korrekt umgesetzt wird. Dafür werden dem Spiel
Informationen entnommen, aus denen dann errechnet werden kann, wie das Licht

eines bestimmten Sterns an einem Schwarzen Loch theoretisch abgelenkt werden sollte. Dieses Ergebnis kann dann mit der im Spiel gezeigten Ablenkung verglichen werden.

4.2.1 Methode der Messung

In diesem Unterkapitel wird dargestellt, welche Informationen dem Videospiel „Elite Dangerous" entnommen werden sollen und wie damit die theoretische Ablenkung eines Lichtstrahls berechnet werden kann. In „Elite Dangerous" ist es möglich, sich die Entfernungen zu verschiedenen Himmelskörpern auf dem Bildschirm anzeigen zu lassen. Die astronomischen Objekte werden vom Interface des Raumschiffes immer dort angezeigt, wo sie sich vom Raumschiff aus gesehen tatsächlich befinden. Das heißt bei der Anzeige kann von einer geraden Linie, wie im Minkowski-Raum, zwischen Beobachter*in und Himmelskörper ausgegangen werden. Das Licht des Sterns, dessen Ablenkung wir beobachten wollen, weicht, wenn es auf dem Weg zur Beobachterin ein Schwarzes Loch passiert, von dem auf dem Interface angezeigten Ort ab. Es ist also eine Ablenkung des Lichtstrahls zu beobachten.

Wir können auch Winkelmessungen im Spiel vornehmen und so die Sehwinkel zum Beispiel zwischen dem scheinbaren und tatsächlichen Ort des Sterns (Ablenkwinkel) bestimmen.

Man kann durch das Scannen eines Schwarzen Loches seine Masse bestimmen. Dadurch ist es uns möglich den Schwarzschild-Radius des Schwarzen Loches mit der Gleichung (2.142) ($r_S = \frac{2GM}{c^2}$) zu bestimmen. Eine genaue Darstellung der Bestimmung der genannten Werte findet sich in Abschnitt 4.2.2.

Es ist also möglich, den Winkel zwischen dem scheinbaren und tatsächlichen Ort des Sterns (Ablenkwinkel) einmal im Spiel zu „messen" und zusätzlich mit den aus dem Spiel entnommenen Informationen theoretisch zu berechnen. Diese beiden Werte können dann verglichen werden. Dadurch ist es möglich, eine Aussage über die wissenschaftliche Korrektheit der Darstellung der Lichtablenkung am Schwarzen Loch in dem Computerspiel zu treffen.

Für die theoretische Berechnung des Ablenkwinkels werden folgende Daten aus dem Spiel verwendet: Der Abstand zwischen Raumschiff und Schwarzem Loch (D_d), der Abstand zwischen Raumschiff und Stern (D_s), der Sehwinkel zwischen Schwarzem Loch und Stern (β) und die Masse des Schwarzen Loches. Außerdem werden wir Gleichung (3.37) ($\tilde{\alpha} = \frac{2r_S}{D}$) gebrauchen. Für die Berechnung des Ablenkwinkels (α) orientieren wir uns an Narayan und Bartelmann (2008), Abschnitt 2.1. Zum leichteren Verständnis verwenden wir für die Berechnung als Grundlage die Skizze in Abbildung 4.1.

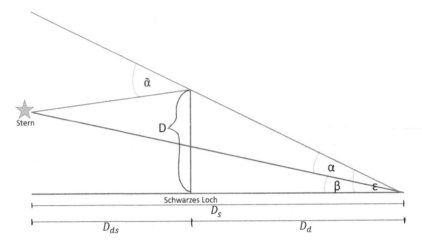

Abb. 4.1 Skizze zur Berechnung des Sehwinkels bei der Lichtablenkung im Gravitationsfeld, Abbildung nach Sachs (2008)

Dabei ist es wichtig zu beachten, dass D_s und D_d nicht einfache Abstände sind, sondern als Winkelentfernungen zu interpretieren sind. Das bedeutet, die Abstände sind durch das Verhältnis der tatsächlichen Größe eines Objektes/eines Abstands zu dem Sehwinkel, unter dem dieser Abstand beobachtet werden kann, definiert. Diese Beziehung gilt unter der Voraussetzung, dass der Sehwinkel klein ist, wir verwenden also die Kleinwinkelnäherung. Deshalb können wir hier auch annehmen, dass $D_{ds} = D_s - D_d$ ist, was im Allgemeinen nicht gilt. D_{ds} ist auch eine Winkelentfernung.

In Abbildung 4.1 sind außerdem eingezeichnet: Die Gesamtablenkung des Lichtstrahls $\tilde{\alpha}$, der minimale Abstand zwischen Lichtstrahl und Schwarzem Loch D, der Winkel zwischen dem einfallenden Lichtstrahl und dem Schwarzen Loch ε sowie der Winkel zwischen einfallendem Lichtstrahl und der eigentlichen Lichtquelle, dem Stern, α, was unser gesuchter Ablenkwinkel ist. Unser Ziel ist es, eine Formel für α aufzustellen.

Dafür betrachten wir zunächst unter Verwendung der Kleinwinkelnäherung ($\tan(\alpha) \approx \sin(\alpha) \approx \alpha$) die Beziehung

$$\alpha D_s = \tilde{\alpha} D_{ds}. \tag{4.1}$$

Diese können wir in die Formel für das Verhältnis der drei Winkel bei der Beobachter*in einsetzen:

$$\beta = \varepsilon - \alpha \Rightarrow$$

$$\beta = \varepsilon - \frac{D_{ds}}{D_s}\tilde{\alpha}. \tag{4.2}$$

Für $\tilde{\alpha}$ können wir im nächsten Schritt die Beziehung aus Gleichung (3.37) einsetzen und erhalten

$$\beta = \varepsilon - \frac{D_{ds}}{D_s}\frac{2r_S}{D}. \tag{4.3}$$

Dort können wir die Beziehung $D = D_d\varepsilon$ einsetzen:

$$\beta = \varepsilon - \frac{D_{ds}}{D_s}\frac{2r_S}{D_d\varepsilon}. \tag{4.4}$$

Damit haben wir nun eine Gleichung, die neben ε nur uns bekannte Größen enthält. Wir lösen die Gleichung also nach ε auf, wobei wir die *pq*-Formel verwenden:

$$\beta = \varepsilon - \frac{D_{ds}}{D_s}\frac{2r_S}{D_d\varepsilon} \Leftrightarrow$$

$$\beta = \frac{D_s D_d \varepsilon^2 - 2D_{ds}r_S}{D_s D_d \varepsilon} \Leftrightarrow$$

$$0 = D_s D_d \varepsilon^2 - D_s D_d \beta\varepsilon - 2D_{ds}r_S \Leftrightarrow$$

$$0 = \varepsilon^2 - \beta\varepsilon - \frac{2D_{ds}r_S}{D_s D_d}, \tag{4.5}$$

also:

$$\varepsilon_{1/2} = \frac{\beta}{2} \pm \sqrt{\frac{\beta^2}{4} + \frac{2D_{ds}r_S}{D_s D_d}}. \tag{4.6}$$

Für unsere Rechnung betrachten wir nur positive Ergebnisse für ε und deshalb nur ε_1, für das die Wurzel addiert wird. Aus ε_1 können wir dann mit

$$\alpha = \varepsilon_1 - \beta \tag{4.7}$$

den Ablenkwinkel α bestimmen.

4.2.2 Rechnung

Im Folgenden wird dargestellt wie die oben genannten Daten aus dem Computerspiel „Elite Dangerous" entnommen wurden. Danach wird aus diesen Daten
der Ablenkwinkel des Lichtstrahls berechnet. Als Datengrundlage wird eine Bildschirmaufnahme des Spiels „Elite Dangerous" in der Version 1.3.01 verwendet, die
am 16. Juni 2021 gemacht wurde. Dabei wurde der Vorbeiflug an dem Schwarzen
Loch „HIP 34707 B" gefilmt, bei dem man die Ablenkung des Lichts des Sterns
„VORDULI" beobachten kann. Für die Auswertung der Aufnahme wurden sechs
Screenshots zu verschiedenen Zeiten des Videos gemacht, die dann näher untersucht
wurden.[1]

Entfernungen
Die Entfernung der Beobachterin im Raumschiff zum Stern (D_s) und zum Schwarzen Loch (D_d) wird im Spielinterface angegeben. Dabei wird im Spiel kein Fehler für
diese Werte angegeben, weshalb sie in der Rechnung auch als fehlerlos angesehen
werden. Die Entfernungen kann man gut in dem Screen-shot in Abbildung 4.2 erkennen. Die Entfernungen zum Schwarzen Loch für alle Messungen sind in Tabelle 4.1
angegeben. Die Entfernung zum Stern blieb während aller Messungen gleich. Die
Screenshots mit Entfernungsangaben zu allen Messungen finden sich außerdem im
Anhang A.2 im elektronischen Zusatzmaterial.

Masse des Schwarzen Loches
Die Masse des Schwarzen Loches lässt sich dem Spiel entnehmen. Dazu ist es
nötig, das Schwarze Loch im Spiel zu „scannen". Danach kann man die erhaltenen Informationen abrufen. Die Darstellung der Informationen ist in Abbildung 4.3
zu sehen. Daraus geht hervor, dass das Schwarze Loch „HIP 34707 B" 3, 1875
Sonnenmassen besitzt. Auch diese Angabe ist ohne Fehler. Bei der Umrechnung
in SI-Einheiten kommt durch den fehlerbehafteten Wert für die Sonnenmasse
($(1, 98892 \pm 0, 00025) \cdot 10^{30}$ kg, *Sonnenmasse* (2021)) eine Unsicherheit für die
Masse des Schwarzen Loches hinzu. Wir erhalten für die Masse des Schwarzen
Loches $M_{SL} = (6, 3397 \pm 0, 0008) 10^{30}$ kg.

---

[1] Das Video kann unter dem folgenden Link eingesehen werden: https://seafile.rlp.net/d/
96fe4d3f0c0c4a7f9742/. Sollte dieser Link nicht mehr gültig sein oder aus einem anderen
Grund nicht funktionieren, können die Videodateien auf Nachfrage bei mir erhalten werden.
Bitte wenden Sie sich dazu an diese E-Mail-Adresse: rmaksimovic@web.de. Die Screenshots
für alle sechs Messungen sind im Anhang A.2 im elektronischen Zusatzmaterial zu finden.

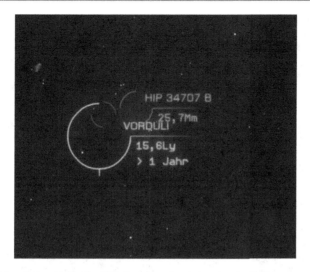

Abb. 4.2 Screenshot des Spiels „Elite Dangerous" mit Anzeige der Entfernungen des Sterns $D_s = 15, 6$ Lichtjahre und des Schwarzen Loches $D_d = 25, 7 \cdot 10^6$ m. Der auf dem Screenshot erscheinende dritte Kreis markiert ein weiteres Objekt, zum Beispiel ein geparktes Raumschiff, das für unsere Untersuchung keine Rolle spielt

Winkel

Um die Winkel α_M (α gemessen) und β zwischen den astronomischen Objekten zu bestimmen, ist es nötig die genaue Lage der Objekte auf dem Screenshot zu bestimmen. Das abgelenkte Licht des Sterns ist als kleiner weißer Punkt sichtbar und in Abbildung 4.4 mit einem Pfeil markiert. Die tatsächliche Lage des Sterns und die Lage des Schwarzen Loches sind nicht so direkt zu erkennen, werden aber im Spiel durch das Interface mit Kreisen um die beiden Objekte gekennzeichnet. Man kann also annehmen, dass die Objekte sich im jeweiligen Kreismittelpunkt befinden. Um den Kreismittelpunkt zu finden wurden zwei Durchmesser durch jeden Kreis gelegt, sowohl in x- als auch in y-Richtung. Das kann man in Abbildung 4.4 gut erkennen. Der Kreismittelpunkt wird als Lage des astronomischen Objektes angenommen.

Aus den Grafikeinstellungen des Spiels geht hervor, dass das Sichtfeld im Raumschiff (Field of View, FOV) 60° beträgt. Dies ist in Abbildung 4.5 zu sehen. Das bedeutet, dass die Strecke vom linken bis zum rechten Bildrand 60° entspricht. Man kann diese Information verwenden, um damit ein virtuelles Lineal zu normieren, wodurch man dann den Winkel zwischen den astronomischen Objekten ausmessen kann. Dafür wurde das Programm „Pixelruler" (Rosenbaum (V.10.5.0.0)) verwen-

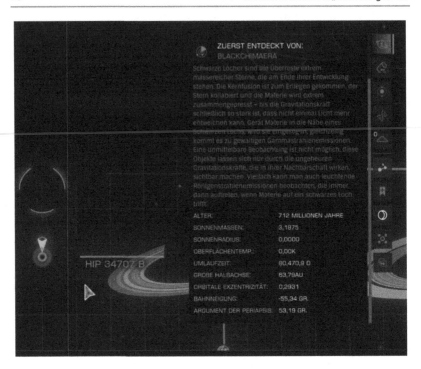

Abb. 4.3 Screenshot des Spiels „Elite Dangerous" mit Anzeige der Informationen über das Schwarze Loch

det. In diesem Programm konnte man sich die Umrechnung der Pixel (grün) in Grad (blau) auf dem Lineal anzeigen lassen, siehe Abbildung 4.6. Hier entsprachen 1248 Pixel 60°. Als Fehler für die Normierung wurden ±2 Pixel angenommen, da das Lineal nicht genau am Rand des Bildes angelegt werden konnte. Das ergibt umgerechnet einen Winkelfehler von 0, 10°. Die Normierung ist in Abbildung 4.6 dargestellt. Der rote Strich auf dem Lineal gibt an, wo dieses abgelesen wurde. Bei dem Vermessen der Winkel wird davon ausgegangen, dass das Bild nicht verzerrt ist und deshalb eine Strecke von 20, 8 Pixel einem Grad entspricht, wobei die Strecke beliebig ausgerichtet sein kann. Da das Lineal sich nicht beliebig drehen ließ, wurden in dem Programm MSPowerpoint (Microsoft (V. 2017)) die Verbindungslinien zwischen den astronomischen Objekten gezeichnet. Diese Linien wurden dann gedreht und an das Lineal angelegt. Somit konnten die Winkelabstände ausgemessen werden. Für die Messung der Winkel wurde ein Fehler von 0, 25° angenommen, da

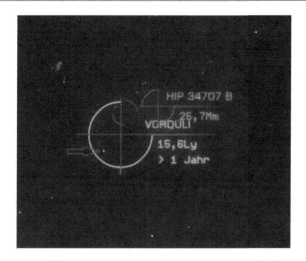

Abb. 4.4 Screenshot des Spiels „Elite Dangerous" mit eingezeichneter Lage der astronomischen Objekte

zu den Ungenauigkeiten in der Normierung des Lineals eine Ableseungenauigkeit hinzukommt. Der Messvorgang ist in Abbildung 4.7 und Abbildung 4.8 dargestellt.

Aus den so erhaltenen Daten können nun weitere Größen berechnet werden. Den Schwarzschild-Radius des Schwarzen Loches erhalten wir aus der Masse des Schwarzen Loches unter der Verwendung von Gleichung (2.142). Dabei werden die Größen $G = (6,67430 \pm 0,00015) \cdot 10^{-11} \frac{\mathrm{m}^3}{\mathrm{kgs}^2}$ (*Gravitationskonstante* (2021)) und $c = 299792458 \frac{\mathrm{m}}{\mathrm{s}}$ (*Lichtgeschwindigkeit* (2021)) verwendet. Zur Berechnung des Fehlers für den Schwarzschild-Radius wurde die Gauß'sche Fehlerfortpflanzung für voneinander unabhängige, fehlerbehaftete Größen verwendet. Damit ergibt sich

$$\Delta r_S = \sqrt{\left(\frac{2G}{c^2}\Delta M_{SL}\right)^2 + \left(\frac{2M_{SL}}{c^2}\Delta G\right)^2} \tag{4.8}$$

und wir erhalten für den Schwarzschild-Radius des Schwarzen Loches

$$r_S = (9415,93 \pm 1,21) \ \mathrm{m}. \tag{4.9}$$

Dieser Wert bleibt für alle sechs Screenshots und damit auch für alle Messungen gleich, da immer dasselbe Schwarze Loch betrachtet wird.

```xml
<?xml version="1.0" encoding="UTF-8"?>
- <GraphicsOptions>
    <Version>1</Version>
    <PresetName>Ultra</PresetName>
    <StereoscopicMode>0</StereoscopicMode>
    <IPDAmount>0.001000</IPDAmount>
    <AMDCrashFix>false</AMDCrashFix>
    <FOV>60.000000</FOV>
    <HumanoidFOV>56.249001</HumanoidFOV>
    <HighResScreenCapAntiAlias>3</HighResScreenCapAntiAlias>
    <HighResScreenCapScale>4</HighResScreenCapScale>
    <GammaOffset>0.000000</GammaOffset>
    <DisableGuiEffects>false</DisableGuiEffects>
    <StereoFocalDistance>25.000000</StereoFocalDistance>
    <StencilDump>false</StencilDump>
    <ShaderWarming>true</ShaderWarming>
    <VehicleMotionBlackout>false</VehicleMotionBlackout>
    <VehicleMaintainHorizonCamera>false</VehicleMaintainHorizonCamera>
    <DisableCameraShake>true</DisableCameraShake>
  </GraphicsOptions>
```

Abb. 4.5 Screenshot der Grafikeinstellungen des Spiels „Elite Dangerous". Es ist der Sichtbereich (Field of view: FOV) markiert

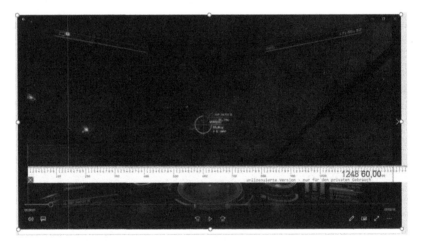

Abb. 4.6 Screenshot des Spiels „Elite Dangerous" mit der Winkelnormierung auf 60° mit „Pixelruler"

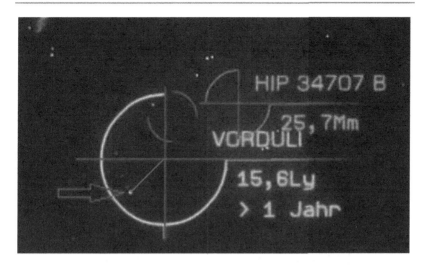

Abb. 4.7 Screenshot des Spiels „Elite Dangerous" mit Verbindungslinie zwischen abgelenktem Licht des Sterns und seiner tatsächlichen Lage

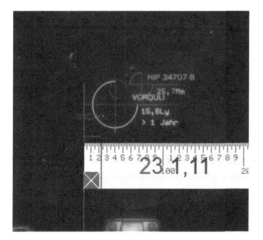

Abb. 4.8 Screenshot des Spiels „Elite Dangerous" mit Messung der gedrehten Verbindungslinie zwischen abgelenktem Licht des Sterns und seiner tatsächlichen Lage mit „Pixelruler"

Den Abstand zwischen Stern und Schwarzem Loch können wir durch die Differenz der Abstände der astronomischen Objekte zum Raumschiff bestimmen:

$$D_{ds} = D_s - D_d, \text{ wobei } D_{ds} \approx D_s, \text{ da } D_d \ll D_s \text{ ist.} \qquad (4.10)$$

Da der Abstand zum Stern sehr groß ist, er beträgt $D_s = 15,6$ Lichtjahre, verändert sich die Entfernungsanzeige für die sechs verschiedenen Messungen nicht. Wir verwenden also für alle Messungen das gleiche D_s.

Der Winkel zwischen Schwarzem Loch und tatsächlichem Ort des Sterns β muss für die Berechnung von ε_1 von Grad in Rad umgerechnet werden, damit der Winkel in einer SI-Einheit angegeben ist. Dafür verwenden wir die Formel $1° = 1 \cdot \frac{\pi}{180}$.

Um den Fehler von ε_1 zu bestimmen, verwenden wir ebenfalls die Gauß'sche Fehlerfortpflanzung für voneinander unabhängige, fehlerbehaftete Größen:

$$\Delta\varepsilon_1 = \sqrt{\left(\left(\frac{1}{2} + \frac{\beta}{4\sqrt{\frac{\beta^2}{4} + \frac{2D_{ds}r_S}{D_s D_d}}}\right)\Delta\beta\right)^2 + \left(\frac{\frac{2D_{ds}}{D_s D_d}}{2\sqrt{\frac{\beta^2}{4} + \frac{2D_{ds}r_S}{D_s D_d}}}\Delta r_s\right)^2}.$$

$$(4.11)$$

Aus der Differenz von ε_1 und β können wir dann α_R (α berechnet) bestimmen. Wir verwenden zur Bestimmung der Unsicherheit von α_R auch die Gauß'sche Fehlerfortpflanzung:

$$\Delta\alpha_R = \sqrt{(\Delta\varepsilon_1)^2 + (\Delta\beta)^2}. \qquad (4.12)$$

Danach wird α_R wieder in Grad umgerechnet.

Die Ergebnisse für die sechs Messungen und die dazugehörigen Rechnungen sind mit entsprechenden Unsicherheiten in Tabelle 4.1 dargestellt.

Vergleicht man den gemessenen Ablenkwinkel (α_M) mit dem errechneten Wert (α_R), sieht man zunächst, dass die Werte der ersten vier Messungen unter der Betrachtung der zugehörigen Unsicherheiten sehr nahe beieinander liegen, da die Fehlertoleranzbereiche ($\Delta\alpha_M$ und $\Delta\alpha_R$) einander überschneiden. Die beiden Ablenkwinkel stimmen also gut überein. Für die fünfte und sechste Messung gilt das nicht. Die Messwerte liegen hier um $0,60°$ bzw. um $0,67°$ auseinander, während die Messunsicherheiten nur eine Differenz von maximal $0,57°$ erklären. Die gemessenen Winkel stimmen also nicht mit der theoretisch errechneten Vorhersage überein. Trotz der großen relativen Unsicherheiten von bis zu über 30 % kann festgestellt werden, dass das Licht des Sterns für die Messungen fünf und sechs im

Tab. 4.1 Tabelle mit den Messwerten und den berechneten Ergebnissen für die Lichtablenkung am Schwarzen Loch HIP 34707 B im Spiel „Elite Dangerous"

Wert	Einheit	Messung 1	Messung 2	Messung 3	Messung 4	Messung 5	Messung 6
β	in °	2,02	2,48	2,74	4,04	3,80	5,62
$\Delta\beta$	in °	0,25	0,25	0,25	0,25	0,25	0,25
D_d	in 10^6 m	25,7	18,5	13,5	9,95	7,70	5,43
α_M	in °	1,11	1,30	1,11	1,25	0,91	0,91
$\Delta\alpha_M$	in °	0,25	0,25	0,25	0,25	0,25	0,25
α_R	in °	0,84	0,97	1,17	1,19	1,51	1,58
$\Delta\alpha_R$	in °	0,32	0,32	0,32	0,32	0,32	0,32
$\frac{\alpha_M}{\alpha_R}$		1,32	1,34	0,95	1,05	0,60	0,58

Spiel nicht so stark abgelenkt wurde, wie es laut der Allgemeinen Relativitätstheorie der Fall sein sollte. Der Effekt der Lichtablenkung wird für kleine Abstände zum Schwarzen Loch D_d und große Winkel β fehlerhaft dargestellt.

Insgesamt könnten bei einer kleineren Messunsicherheit vielleicht weitere Abweichungen bestimmt werden. Die großen Messunsicherheiten liegen vor allem an der fehleranfälligen Methode des Bestimmens der Winkel aus den Screenshots, bei denen ein virtuelles Lineal von Hand angelegt und abgelesen wurde. Für eine genauere Betrachtung kann man das Verhältnis der beiden Werte bilden, wie es in der letzten Zeile der Tabelle getan wurde. An dem Verhältnis kann man ablesen, dass die beiden Ablenkwinkel für die Messungen 3 und 4 besonders nahe aneinander liegen, da nur eine Abweichung von 5 % besteht. Außerdem scheint mit steigendem Winkel β und geringer werdendem Abstand zum Schwarzen Loch D_d der gemessene Ablenkwinkel im Vergleich zum errechneten immer kleiner zu werden. Während er in der ersten Messung noch 32 % größer ist, ist er bei der sechsten Messung um ebenfalls 32 % kleiner. Das könnte bedeuten, dass die Darstellung der Ablenkung von Licht am Schwarzen Loch in dem Videospiel „Elite Dangerous" für eine Distanz zum Schwarzen Loch von ungefähr $10 \cdot 10^6$ m besonders akkurat ist. Es könnte auch sein, dass die Darstellung für bestimmte Winkel β besonders genau ist. Das scheint aber nicht so wahrscheinlich, da dieser Wert nicht gleichmäßig steigt und unter Betrachtung der Unsicherheiten die Werte für β in Messung 4 und 5 sehr ähnlich sind, während das Verhältnis zwischen den Ablenkwinkeln sich deutlich unterscheidet und für die fünfte Messung eine Differenz zwischen errechneten und gemessenem Wert bestimmt werden konnte.

4.3 Gravitative Rotverschiebung in „Elite Dangerous"

Ein Effekt der Allgemeinen Relativitätstheorie, der in der Nähe eines Schwarzen Loches messbar wird, ist die gravitative Rotverschiebung bzw. Frequenzverschiebung, wie sie in dem Abschnitt 3.4 beschrieben ist. In diesem Kapitel soll nun überprüft werden, ob und wie dies in dem Videospiel „Elite Dangerous" sichtbar wird. Dazu wird im Spiel ein sogenannter „Seismischer Sprengladungsgefechtskopf" verwendet, der vom Raumschiff aus abgeschickt wird. Dieser entfernt sich genau 2, 26 km vom Raumschiff und fängt dann an periodisch aufzuleuchten. Dieses „Blinken" können wir als Signal verwenden und untersuchen, ob sich die Frequenz ändert. Wir arbeiten dafür ebenfalls mit der Version 1.3.01 des Spiels und betrachten das gleiche Schwarze Loch „HIP 34707 B" wie im vorhergehenden Kapitel.

Um zu überprüfen, ob der Effekt der Frequenzverschiebung in dem Videospiel dargestellt wird, berechnen wir zunächst mit Hilfe von Gleichung (3.43), wie sich die Frequenz des blinkenden Gefechtskopfs aus Sicht des Raumschiffes theoretisch verändern sollte, wenn sich der Gefechtskopf statt im freien Raum zwischen einem Schwarzen Loch und dem Raumschiff befindet. Danach „messen" wir die Frequenzen des Blinkens für die beiden genannten Fälle im Spiel. Wir können dann die theoretische Vorhersage der Frequenzveränderung mit der im Spiel gemessenen vergleichen.

Für die Datenaufnahme wurden zwei Bildschirmaufnahmen angefertigt:[2] Die eine Bildschirmaufnahme zeigt das Verhalten des Sprengkopfs in 8, 68 Mm Entfernung zum Schwarzen Loch, also in sehr großer Entfernung. Dies ist in Abbildung 4.9 zu sehen.

Bei der zweiten Bildschirmaufnahme befindet das Raumschiff in einer Entfernung von 26, 0 km zum Schwarzen Loch und der Gefechtskopf wurde in Richtung des Schwarzen Loches geschickt. Das ist in Abbildung 4.10 zu sehen. Die Entfernung von 26, 0 km zum Schwarzen Loch ist die kleinste, die in dem Spiel mit dem Raumschiff eingenommen werden konnte.

Für die Berechnung des theoretischen Verhältnisses der gesendeten zur empfangenen Frequenz des Gefechtskopfes betrachten wir nur die zweite Aufnahme. Das berechnete Verhältnis nennen wir a_R. Um a_R bestimmen zu können, benötigen wir den Abstand des Empfängers, also des Raumschiffs, zum Schwarzen Loch r_{Em}, sowie den Abstand des Senders, also des Gefechtskopfs, zum Schwarzen Loch r_{Se}. r_{Em} beträgt, wie oben benannt, 26, 0 km. r_{Se} können wir bestimmen, indem wir die

---

[2] Die Videoaufnahmen können unter dem folgenden Link eingesehen werden: https://seafile. rlp.net/d/96fe4d3f0c0c4a7f9742/. Sollte dieser Link nicht mehr gültig sein oder aus einem anderen Grund nicht funktionieren, können die Videodateien auf Nachfrage bei mir erhalten werden. Bitte wenden Sie sich dazu an diese E-Mail-Adresse: rmaksimovic@web.de.

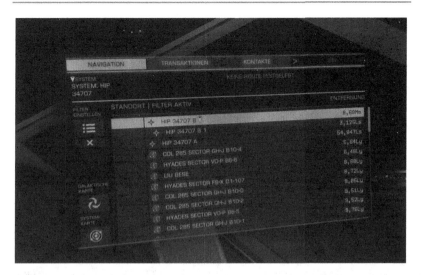

Abb. 4.9 Screenshot des Spiels „Elite Dangerous" mit Anzeige der großen Entfernung zu dem Schwarzen Loch HIP 34707 B

Differenz zwischen r_{Em} und dem Abstand zwischen Raumschiff und Gefechtskopf berechnen. Dieser Abstand beträgt kurz nach dem Aussenden konstant $2,26$ km, wie in Abbildung 4.11 zu sehen ist, und ist vom Spiel vorgegeben. Es ist leider nicht möglich den Sprengkopf auf größere Entfernung zum Raumschiff zu bringen. Damit ist

$$r_{Se} = r_{Em} - 2,26\text{km} = 23,74\text{km}. \tag{4.13}$$

Da das Spiel keine Unsicherheiten für die Abstände angibt, werden diese als fehlerfrei angesehen. Für die Berechnung von a_R benötigen wir außerdem den Schwarzschild-Radius des Schwarzen Loches. Da wir dasselbe Schwarze Loch (HIP 34707 B) wie in Abschnitt 4.2 betrachten, ist auch der Schwarzschild-Radius derselbe. Wir können also einfach den Wert in Gleichung (4.9) ($r_S = (9415,93 \pm 1,21)$ m) einsetzen. Wir berechnen nun a_R mit der Gleichung (3.43):

$$a_R = \sqrt{\frac{1 - \frac{r_S}{r_{Em}}}{1 - \frac{r_S}{r_{Se}}}}. \tag{4.14}$$

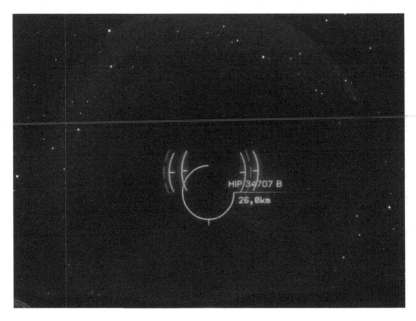

Abb. 4.10 Screenshot des Spiels „Elite Dangerous" mit Anzeige der geringen Entfernung zu dem Schwarzen Loch HIP 34707 B

Die Unsicherheit von a_R kann über die Gauß'sche Fehlerfortpflanzung bestimmt werden, da wir nur voneinander unabhängige fehlerbehaftete Größen bzw. nur eine fehlerbehaftete Größe haben:

$$\Delta a_R = \frac{\frac{1-\frac{r_S}{r_{Em}}}{r_{Se}} - \frac{1-\frac{r_S}{r_{Se}}}{r_{Em}}}{2\sqrt{\frac{1-\frac{r_S}{r_{Em}}}{1-\frac{r_S}{r_{Se}}}}\left(1-\frac{r_S}{r_{Se}}\right)^2} \Delta r_S. \tag{4.15}$$

Damit erhalten wir für

$$a_R = 1,03 \pm 0,00001. \tag{4.16}$$

Die Unsicherheit ist also im Vergleich zum Wert so klein, dass sie vernachlässigt werden kann.

Abb. 4.11 Screenshot des Spiels „Elite Dangerous" mit Anzeige des Abstandes zum Gefechtskopf

Im nächsten Schritt werden wir den gemessenen Wert für das Verhältnis der gesendeten zur empfangenen Frequenz des Gefechtskopfes (a_M) bestimmen. Dafür müssen wir in der Videoaufnahme am Schwarzen Loch die Frequenz des Blinkens in der Eigenzeit des Gefechtskopfes, sowie die Frequenz, die wir im Raumschiff wahrnehmen, bestimmen. Da wir die Frequenz am Gefechtskopf selbst nicht bestimmen können, wird eine Messung der eingehenden Frequenz am Raumschiff in möglichst großer Entfernung zum Schwarzen Loch und zu anderen astronomischen Objekten vorgenommen. Hier sollte der Effekt der gravitativen Frequenzverschiebung so klein sein, dass er als null angenommen werden kann. Die so gemessene Frequenz entspricht also der vom Gefechtskopf ausgehenden Frequenz und wird in den folgenden Rechnungen so verwendet. Diese Messung wurde im Abstand von $8,68 \cdot 10^6$ m zum Schwarzen Loch vorgenommen und es wurde die erste Videoaufnahme dafür verwendet.

Wir messen also die Frequenz in beiden Videoaufnahmen. Um dabei möglichst
genaue Ergebnisse zu bekommen, wurden die Videos in das Programm „After
Effects" (Adobe (CC 2017)) geladen und die Anzahl der Bilder einer Periodendauer
T des Blinkens gezählt. In den Dateieigenschaften der Videos wird angegeben, dass
die Einzelbildrate 59, 95 Bilder pro Sekunde beträgt. Die Bildrate und die Datenaufnahme sind in den Abbildungen 4.12, 4.13 und 4.14 zu sehen. Als Fehler für die
Bilder einer Periodendauer wird ein halbes Bild angenommen, da das Blinken zwischen den einzelnen Bildern einsetzen oder aufhören könnte. Mit der Einzelbildrate
können die gezählten Bilder in Sekunden umgerechnet werden. Aus der Periodendauer kann durch Bilden des Kehrwertes die Frequenz des Blinkens herausgefunden
werden ($\nu = \frac{1}{T}$). Damit können wir dann a_M bestimmen:

$$a_M = \frac{\nu_{Se}}{\nu_{Em}}. \tag{4.17}$$

Der Fehler für a_M ergibt sich aus der Gauß'schen Fehlerfortpflanzung:

$$\Delta a_M = \sqrt{\left(\frac{\Delta \nu_{Se}}{\nu_{Em}}\right)^2 + \left(\frac{\nu_{Se}}{\nu_{Em}^2}\Delta \nu_{Em}\right)^2} \tag{4.18}$$

In beiden Videos wurde eine Periodendauer von $(30, 0 \pm 0, 5)$ Bildern festgestellt.
Das entspricht einer Periodendauer $T = (0, 50 \pm 0, 01)$ s. Die dazugehörige Frequenz beträgt $\nu = (2, 00 \pm 0, 04)\frac{1}{s}$. Demnach lautet das Ergebnis für a_M:

$$a_M = 1, 00 \pm 0, 03. \tag{4.19}$$

Wir können nun die beiden Werte $a_R = 1, 03 \pm 0, 00001$ und $a_M = 1, 00 \pm$
$0, 03$ vergleichen. Diese stimmen unter Betrachtung der Unsicherheit Δa_M überein.
Daraus können zwei Schlüsse gezogen werden. Einerseits könnte es sein, dass der
Effekt der gravitativen Rotverschiebung im Spiel so gut umgesetzt wurde, da er
im Rahmen der Messungenauigkeiten mit unserer Vorhersage übereinstimmt. Da
aber die gemessenen Frequenzen gleich waren, ist es andererseits ebenso möglich,
dass der Effekt im Spiel nicht umgesetzt wurde. Die angewandte Messmethode ist
zu ungenau um eine Aussage treffen zu können. Es war nicht möglich mit einer
Messunsicherheit von 3 % eine Frequenzänderung von 3 % zu bestimmen. Um mit
diesen Messmethoden eine Frequenzänderung sicher feststellen zu können, hätte
diese Frequenzänderung größer sein müssen. Dies wäre durch die Untersuchung

eines massereicheren Schwarzen Loches oder durch eine größere Distanz zwischen Sprengkopf und Raumschiff möglich gewesen.

4.4   Fazit

Die Darstellung Schwarzer Löcher in dem Spiel „Elite Dangerous" entspricht in den zwei untersuchten Effekten der Allgemeinen Relativitätstheorie und unter Berücksichtigung der Messunsicherheiten nicht den theoretischen, wissenschaftlichen Vorgaben. Bei der Lichtablenkung am Schwarzen Loch konnte eine Abweichung von den erwarteten Werten in zwei Messungen festgestellt werden. Über die Umsetzung der Frequenzverschiebung im Spiel konnte durch die Messung keine eindeutige Aussage getroffen werden. Dennoch deuten die Messwerte in beiden Fällen darauf hin, dass es für eine genauere Messmethode (weitere) Abweichungen geben könnte. Eine genauere Messung könnte man bei der Lichtablenkung am Schwarzen Loch erreichen, wenn das Lineal, mit dem die Winkel abgemessen wurden, feiner abgelesen werden könnte, es besser kalibriert werden könnte und/oder wenn ein anderes, feineres Lineal verwendet werden würde. Eine genauere Messung für die Frequenzverschiebung könnte erreicht werden, wenn eine Bildschirmaufnahme mit höherer Bildrate ausgewertet werden könnte. Die Effekte der Allgemeinen Relativitätstheorie hätten in dem Spiel auch stärker auftreten müssen, wenn ein anderes massereicheres Schwarzes Loch untersucht worden wäre, wie zum Beispiel das Schwarze Loch im Innern der Milchstraße „Sagittarius A*". Die Distanz zwischen dem untersuchten Loch „HIP 34707 B" und „Sagittarius A*" beträgt aber ungefähr 26000 Lichtjahre. Um diese Distanz im Spiel zurückzulegen, hätte man ungefähr $19,5\,h$ reine Spielzeit gebraucht, weshalb darauf verzichtet wurde, die Untersuchung auch an „Sagittarius A*" durchzuführen.

Da davon ausgegangen wird, dass es bei genaueren Messungen zwischen der Vorhersage und der tatsächlichen Darstellung im Spiel eine deutlichere Differenz beziehungsweise eine messbare Abweichung gibt, steht zu fragen an, woher diese Differenzen kommen könnten. Dafür gibt es zwei Möglichkeiten: Erstens, die Spielehersteller*innen konnten den Effekt der Allgemeinen Relativitätstheorie nicht näher an den wissenschaftlichen Vorgaben orientiert darstellen oder, zweitens, die Spielehersteller*innen haben zugunsten von Spielmechaniken, oder weil der Effekt nicht von den Spieler*innen wahrnehmbar ist, auf eine wissenschaftlich exakte Darstellung verzichtet.

Im Falle der Lichtablenkung ist zu vermuten, dass der Effekt nicht besser darzustellen war. Der Effekt der Lichtablenkung am Schwarzen Loch ist in dem Spiel deutlich zu sehen und ist der Hauptgrund, aus dem Spieler*innen das Schwarze Loch

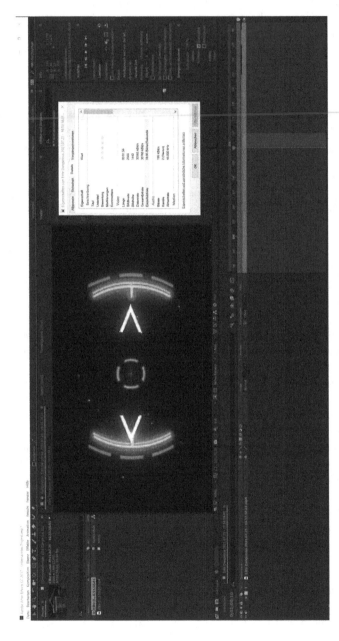

Abb. 4.12 Screenshot des Programms „Adobe After Effects" bei der Bestimmung der Periodendauer des Signals in großer Entfernung zum Schwarzen Loch mit Angabe der Bildrate des Videos

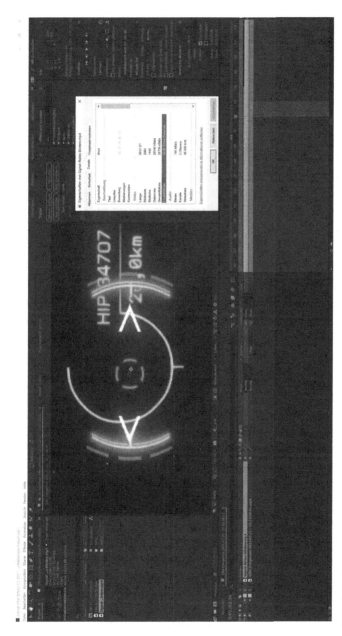

Abb. 4.13 Screenshot des Programms „Adobe After Effects" bei der Bestimmung der Periodendauer des Signals in geringer Entfernung zum Schwarzen Loch mit Angabe der Bildrate des Videos

Abb. 4.14 Screenshot der
Eigenschaften der
untersuchten
Videoaufnahmen. Es ist die
Bildrate von 59, 95 Bildern
pro Sekunde markiert

wahrnehmen können. Wie dieser Effekt in einem interaktiven Medium visualisiert werden kann, wird bei Boblest, T. Müller und Wunner (2016) in Abschnitt 16.3 kurz beschrieben. Die Möglichkeit über sogenanntes „Ray tracing", bei dem der Verlauf jedes Lichtstrahls einzeln berechnet wird, scheint für interaktive Medien zu große Rechenleistungen einzunehmen, um in dem Videospiel eingesetzt worden zu sein. Auch die Möglichkeit, die Geodäten alle im Vorhinein auszurechnen, wird wahrscheinlich nicht eingesetzt worden sein. Zwar könnte die einfache Schwarzschild-Lösung verwendet worden sein, aber der weite Raum um das Schwarze Loch besteht aus vielen einzelnen astronomischen Objekten, die sich in unterschiedlichen Distanzen zum Schwarzen Loch befinden. Beim Vorbeiflug am Schwarzen Loch scheinen sich diese Objekte gegeneinander zu verschieben, was einen für diese Methode zu komplexen Hintergrund bedeutet. Außerdem müssten für ein solches Videospiel die Geodäten für alle astronomischen Objekte vorher gespeichert werden. Da das Spiel allein über 400 Mrd. Sterne enthält, ist zu vermuten, dass dafür entsprechend zu große Speicherkapazitäten benötigt würden. Am wahrscheinlichsten scheint es also, dass zur Darstellung der Licht-ablenkung am Schwarzen Loch analytische Geodäten benutzt wurden. Das ist möglich, da in der Umgebung des Schwarzen Loches die Schwarzschild-Lösung verwendet werden kann. Die Visualisierung der Schwarzschild-Raum-Zeit mit analytischen Geodäten wird von Müller (2006) in Kapitel 5 dargestellt. Es ist weiterhin auch möglich, dass die Spielehersteller*innen den Effekt darstellen wollten und sich dabei aber nicht explizit an den Vorgaben der Allgemeinen Relativitätstheorie orientiert haben. Dafür könnte im Spiel zum

Beispiel ein Verzerrungsfilter eingesetzt worden sein, der die Lichtablenkung am Schwarzen Loch imitiert, dessen Darstellung aber nicht mit den wissenschaftlich Vorgaben übereinstimmt.

Der Effekt der Frequenzverschiebung konnte, wenn man die Messungenauigkeiten vernachlässigt, nicht gemessen werden. In unserem Fall hätte die erwartete Frequenzverschiebung von 3 % eine Veränderung der Schwingungsdauer von 0, 015 s zur Folge gehabt. Es ist sehr stark anzunehmen, dass die Spieler*innen diesen Effekt beim Spielen nicht wahrnehmen würden, da er dafür zu klein scheint. Es ist also möglich, dass die Spielehersteller*innen deshalb den Effekt gar nicht in das Spiel eingebaut haben.

Zusammenfassung und Ausblick 5

In der vorliegenden Arbeit wurde die Darstellung von Schwarzen Löchern im Computerspiel „Elite Dangerous" untersucht. Dazu wurde in Kapitel 2 die Allgemeine Relativitätstheorie möglichst knapp dargestellt. Es wurde zunächst die Newton'sche Gravitationstheorie präsentiert und dann die Ideen Einsteins sowie die Prinzipien, auf denen die Allgemeine Relativitätstheorie basiert, benannt. Die Einstein'schen Feldgleichungen wurden dargestellt und ihre einzelnen Komponenten und deren Zusammensetzung entwickelt und erläutert. Ausgehend davon wurde die Schwarzschild-Lösung für eine statische, sphärische Massenverteilung im Vakuum nachvollzogen. Die Schwarzschild-Lösung diente als Grundlage für die theoretische Beschreibung der Lichtablenkung und der Frequenzverschiebung in der Nähe eines Schwarzen Loches in Kapitel 3. Diese Vorüberlegungen wurden dann in Kapitel 4 praktisch auf das Computerspiel „Elite Dangerous" angewandt. Dabei wurden die beiden genannten Effekte der Allgemeinen Relativitätstheorie genauer untersucht. Mit den verwendeten Messmethoden wurde zu dem Schluss gekommen, dass die Darstellung der Effekte der Allgemeinen Relativitätstheorie in dem Spiel den theoretischen Anforderungen nicht entspricht. Einige gemessenen Werte liegen mit ihren Unsicherheiten nicht im Rahmen der theoretischen Vorhersage, trotz des Anspruchs der Spieleentwickler*innen das Spiel auf wissenschaftlichen Grundlagen aufzubauen.

Es zeigt sich also, dass es nur bedingt möglich ist, wissenschaftliche Erkenntnisse so aufzuarbeiten, dass sie in populären Medien wie dem interaktiven Medium Computerspiel korrekt dargestellt werden. Gleichzeitig gibt es aber viele weitere spannende Aspekte, die untersucht werden können. So könnten, um zu genaueren Resultaten zu kommen, weitere und genauere Messungen zu den genannten Effekten in „Elite Dangerous" durchgeführt werden. Auch kann, wie schon in Abschnitt 4.4 erwähnt, ein massereicheres Schwarzes Loch untersucht werden. Auf beides wurde

R. Maksimović, *Allgemeine Relativitätstheorie und die Darstellung Schwarzer Löcher in interaktiven Medien*, BestMasters, https://doi.org/10.1007/978-3-658-39253-6_5

aus zeitlichen Gründen in der vorliegenden Arbeit verzichtet. Es wäre außerdem möglich, andere Phänomene der Allgemeinen Relativitätstheorie, wie zum Beispiel den Fall in ein Schwarzes Loch, in dem Computerspiel „Elite Dangerous" zu untersuchen. Um ein umfassenderes Bild von der Darstellung von Schwarzen Löchern in interaktiven Medien zu bekommen, wäre es auch interessant in einer anderen Arbeit andere Videospiele, wie zum Beispiel die Spiele „EVE Online" oder „No Man's Sky" zu untersuchen. Um ein deutlicheres Bild von der Darstellung von Schwarzen Löchern in der Popkultur und damit auch von den Vorstellungen, die Menschen in unserer Gesellschaft von Schwarzen Löchern haben, zu bekommen, könnte es auch sehr interessant sein, sich einem anderen Medium, wie zum Beispiel dem Film zu widmen und die Darstellung Schwarzer Löcher dort zu untersuchen. Als berühmtes Beispiel ist hier der Film „Interstellar" zu nennen, an dem der Physiker Kip Thorne maßgeblich mitgearbeitet hat. Als letzten Ausblick möchte ich noch geben, dass sich dem Thema der Arbeit auch aus physik-didaktischer Perspektive genähert werden könnte. So kann einerseits untersucht werden, welche Auswirkungen die Darstellungen Schwarzer Löcher in populären Medien auf die Vor-Vorstellungen der Schüler*innen haben. Andererseits können didaktische Überlegungen angestellt werden, wie die Ergebnisse dieser und anderer Arbeiten in der Didaktik eingesetzt werden könnten.

Literatur

Adobe (CC 2017). *After Effects*. Programm. Online erhältlich unter https://www.adobe.com/de/products /aftereffects.html; abgerufen am 06. August 2021.

Äußere Schwarzschild-Lösung (Flammsches Paraboloid) (2019). Website. Online erhältlich unter https://de.wikipedia.org/wiki/Schwarzschild-Metrik#/media/Datei:Flamm.svg; abgerufen am 31. Juli 2021. Wikipedia: Schwarzschild-Metrik.

Boblest, S., T. Müller und G. Wunner (2016). *Spezielle und allgemeine Relativitätstheorie. Grundlagen, Anwendungen und Kosmologie sowie relativistische Visualisierung.* Springer: Berlin, Heidelberg.

Braben, D. [Interview] (2016). *Gamescom 2016 – David Braben Interview 1 [Video]*. Website. Online erhältlich unter https://www.youtube.com/watch?v=wQaK-j1n8co; abgerufen am 29. Juli 2021. YouTube: Kanal Elite Dangerous.

Braben, D. [Interview] (2017). *PAX East 2017 – Interview with David Braben [Video]*. Website. Online erhältlich unter https://www.youtube.com/watch?v=XTtiGxJIFyM; abgerufen am 29. Juli 2021. YouTube: Kanal Elite Dangerous.

Duden (2007). *Abitur Physik Basiswissen Schule, 2. aktualisierte Auflage*. Duden Schulbuchverlag: Berlin.

EHT (2019). *Press Release (April 10, 2019): Astronomers Capture First Image of a Black Hole*. Website. Online erhältlich unter https://eventhorizontelescope.org/press-release-april-10-2019-astronomers-capture-first-image-blackhole; abgerufen am 27. Juli 2021.

"Erde" (1998). In: *Spektrum, Lexikon der Physik*. Online erhältlich unter https://www.spektrum.de/lexikon/physik/erde/4449; abgerufen am 03. August 2021.

Fischer, G. und B. Springborn (2020). *Lineare Algebra, Eine Einführung für Studienanfänger, 19. Auflage*. Springer Spektrum: Berlin.

Fließbach, T. (2016). *Allgemeine Relativitätstheorie, 7. Auflage*. Springer Spektrum: Berlin, Heidelberg.

Frontier-Developments (V.1.3.01). *Elite Dangerous*. Programm. Online erhältlich unter https://www.elitedangerous.com/; abgerufen am 06. August 2021.

"Global Positioning System" (2000). In: *Spektrum, Lexikon der Geowissenschaften. Online erhältlich* unter https://www.spektrum.de/lexikon/geowissenschaften/global-positioningsystem/6108; abgerufen am 03. August 2021.

Gravitationskonstante (2021). Website. Online erhältlich unter https://de.wikipedia.org/wiki/Gravitationskonstante; abgerufen am 22. Juli 2021. Wikipedia.

Gray, N. (2019). *A Student's Guide to General Relativity*. Cambridge University Press: Cambridge.

Grøn, Ø. und A. Næss (2011). *Einstein's Theory, A Rigorous Intruduction for the Mathematically Untrained*. Springer: New York, Dordrecht, Heidelberg, London.

Hall, C. (2014). *Elite: Dangerous explores the limitless depths of space, and of human cruelty (correction)*. Website. Online erhältlich unter https://web.archive.org/web/20151017001752/https://games.yahoo.com/news/elite-dangerous-explores-limitless-depths-180348640.html; abgerufen am 29. Juli 2021. Yahoo! Games.

Hübner, R. (2009). *Vom Basiswechsel zum Urknall. Eine Einführung in die Allgemeine Relativitätstheorie*. Website. Online erhältlich unter http://www.kabinett.homepage.t-online.de/papers/art/intro/artintro.pdf; abgerufen am 30. April 2021. Wesel.

Kelly, P. L. et al. (2016). "DEJA VU ALL OVER AGAIN: THE REAPPEARANCE OF SUPERNOVA REFSDAL". In: *The Astrophysical Journal Letters, Vol. 819, No. 1, L. 8*. Online erhältlich unter https://iopscience.iop.org/article/10.3847/2041-8205/819/1/L8; abgerufen am 04. August 2021.

"Kosmologische Konstante" (1998). In: *Lexikon der Physik*. Online erhältlich unter https://www.spektrum.de/lexikon/physik/kosmologische-konstante/8425; abgerufen am 24. Mai 2021.

Lichtgeschwindigkeit (2021). Website. Online erhältlich unter https://de.wikipedia.org/wiki/Lichtgeschwindigkeit; abgerufen am 22. Juli 2021. Wikipedia.

Meinel, R. (2016). *Spezielle und allgemeine Relativitätstheorie für Bachelorstudenten*. Springer Spektrum: Berlin, Heidelberg.

Microsoft (V. 2017). *PowerPoint*. Programm. Online erhältlich unter https://www.microsoft.com/de-de/microsoft-365/powerpoint; abgerufen am 06. August 2021.

Misner, C., K. Thorne und J. Wheeler (2017). *Gravitation*. Princeton University Press: Princeton und Oxford.

Müller, A. (2007). *Schwarze Löcher. Das dunkelste Geheimnis der Gravitation*. Website. Online erhältlich unter https://www.spektrum.de/astrowissen/downloads/Web-Artikel/SchwarzeLoecher_AMueller2007.pdf; abgerufen am 27. Juli 2021. Garching.

Müller, A. (2007–2014). "Kosmologische Konstante". In: *Schwarzes Loch*. Online erhältlich unter https://www.spektrum.de/lexikon/astronomie/schwarzes-loch/429; abgerufen am 27. Juli 2021.

Müller, T. (2006). *Visualisierung in der Relativitätstheorie, Dissertation*. Website. Online erhältlich unter https://d-nb.info/981270298/34; abgerufen am 01. August 2021. Eberhard-Karls-Universität, Tübingen.

Narayan, R. und M. Bartelmann (2008). *Lectures on Gravitational Lensing*. Website. Online erhältlich unter https://arxiv.org/abs/astro-ph/9606001; abgerufen am 29. Juni 2021. Arxiv, Cornell University.

Parkin, S. (2014). *The Video Game That Maps The Galaxy*. Website. Online erhältlich unter https://www.newyorker.com/tech/annals-oftechnology/the-video-game-that-maps-the-galaxy; abgerufen am 29. Juli 2021. The New Yorker.

Poltermann, C. (2017). *Tensoranalysis, Allgemeine Relativitätstheorie. Ein Skriptum*. Website. Online erhältlich unter https://astronomie-erding.de/?wpdmact=process&did=Mi5ob3RsaW5r; abgerufen am 16. April 2021.

Popenco, M. (2017). *Allgemeine Relativitätstheorie und Gravitomagnetismus, Eine Einführung für Lehramtsstudierende*. Springer Spektrum: Wiesbaden.

Rindler, W. (2006). *Relativity. Special, General, an Cosmological, 2. Auflage.* Oxford University Press: Oxford.

Rosenbaum, M. (V.10.5.0.0). *Pixelruler.* Programm. Online erhältlich unter https://www.pixelruler.de/index.htm; abgerufen am 06. August 2021. Ratzeburg.

Ryder, L. (2009). *Introduction to General Relativity.* Cambridge University Press: Cambridge.

Sachs, M. (2008). *Gravitational lensing formalism.* Website. Online erhältlich unter https://en.wikipedia.org/wiki/Gravitational_lensing_formalism; abgerufen am 30. Juni 2021. Wikipedia

Satz von Schwarz (2020). Website. Online erhältlich unter https://de.wikipedia.org/wiki/Satz_von_Schwarz; abgerufen am 31. Mai 2021. Wikipedia.

Scharfe, L. (2021). *Geometrie der Allgemeinen Relativitätstheorie, Eine Einführung aus differentialgeometrischer Perspektive.* Masterarbeit. Johannes Gutenberg-Universität, Mainz.

Scheck, F. (2017). *Theoretische Physik 3. Klassische Feldtheorie: Von Elektrodynamik, nicht-Abelschen Eichtheorien und Gravitation, 4. Auflage.* Springer Spektrum: Berlin.

Sonnenmasse (2021). Website. Online erhältlich unter https://de.wikipedia.org/wiki/Sonnenmasse; abgerufen am 21. Juli 2021. Wikipedia.

"Spezielle Relativitätstheorie" (1998). In: *Spektrum, Lexikon der Physik. Online erhältlich unter* https://www.spektrum.de/lexikon/physik/spezielle-relativitaetstheorie/13577; abgerufen am 03. August 2021.

Stillert, A. (2019). *Allgemeine Relativitätstheorie und Schwarze Löcher, Eine Einführung für Lehramtsstudierende.* Springer Spektrum: Wiesbaden.

Wassermann, E. (2011). *Navigieren mit Satellit: GPS.* Website. Online erhältlich unter https://www.weltderphysik.de/gebiet/erde/erde/gps/; abgerufen am 03. August 2021. Eberhard-Karls-Universität, Tübingen.

Weinberg, S. (1972). *Gravitation and Cosmology: Principles and Applications of the General Theory of Relativity.* John Wiley Sons, Inc.: New York.

Wikipedia: Elite: Dangerous (2021). Website. Online erhältlich unter https://de.wikipedia.org/wiki/Elite:_Dangerous; abgerufen am 29. Juli 2021. Wikipedia

Wilkins, D.R. u. a. (2021). "Light bending and X-ray echoes from behind a supermassive black hole". In: *Nature 595*, S. 657-660. Online erhältlich unter https://doi.org/10.1038/s41586-021-03667-0; abgerufen am 05. August 2021.

Zee, A. (2013). *Einstein Gravity in a Nutshell.* Princeton University Press: Princeton und Oxford.

Printed in the United States
by Baker & Taylor Publisher Services